数字媒体专业"十四五"规划教材

用户界面设计

USER INTERFACE DESIGN

胡　燕　黄志隆　蔡兴泉 ◎ 编著

U0285311

中国传媒大学 出版社

·北京·

前 言

从十几年前年讲授"界面设计"这门课以来，我们见证了伴随"互联网+"的发展，海量传统企业向互联网电子商务的迁徙、新型互联网企业的大量崛起，以及各种公共服务的在线化。产品、企业品牌形象和服务越来越多地通过界面的形式与使用者相遇。这些变化促进了界面设计行业需求的发展，企业招聘需求中与UI设计、用户体验、用户交互相关的职位更是逐年增加。

在这段探索界面设计和用户体验的旅程中，我们深切地意识到，界面设计已成为实现优质用户体验的媒介，是产品中不可或缺的一环。用户体验不再仅仅是满足用户的基本需求，它蕴含着情感、便捷性以及留存价值，而界面设计正是创造这种卓越体验的重要工具。无论是应用界面、网站布局还是产品的外观，界面设计不只是美观的外观，更要符合用户的心理认知模型和使用习惯，精心设计的界面能够直观地传达信息，引导用户操作，降低学习成本，提升用户的满意度和信任感。独特的界面设计也是现代企业形象的重要组成部分。然而，打造优质的界面设计并非易事，它要跨足多个领域，涵盖心理学、用户研究、视觉艺术、工程技术等。

2008年我们开始了"界面设计"课程的讲授，当时市面上相关的教材不多，有几本引进的经典教材，内容侧重于理论阐述，与我们课程偏向应用的定位有些差异。苦于没有合适的教材，在授课的过程中，我们大量搜集了国内外界面设计相关的资料，有案例分享，有经验总结，但始终有隔靴搔痒之感，于是下定决心，打造一本更符合中国读者学习使用的界面设计之书。这本书的目的在于帮助读者探寻界面设计的奥秘，提供科学的实用的方法和经典案例，使读者能更好地理解和应用界面设计的原则，掌握界面设计的技巧。

希望本书能够对各位有所启发，因为水平有限，不足之处还请各位专家、读者指正。

胡燕　黄志隆　蔡兴泉

2023年5月

目 录

CONTENTS

第一章 概 述

本章要点

1.了解界面设计的发展历史。界面设计从以机器为中心、人适应机器，逐渐向机器适应人、以人为中心转变，了解变化背后的原因。

2.了解界面设计的流程。科学的工作流程能增加界面设计成功的可能性，提高工作效率。

一、界面的定义

随着计算机、智能手机、无线终端设备的普及，人们的工作、生活和娱乐越来越依赖于各种提供支持和服务的系统、软件、App。用户通过界面与这些产品进行交互，界面是用户与系统、软件、App和设备互相传递信息的媒介。用户通过界面浏览、输入、查询、构建对象，界面将运算后的结果呈现给用户，实现用户使用系统、软件、App的目标。"互联网+"将很多传统行业迁移到手机这类智能终端，没有了传统的店面、服务员，用户界面设计成为产品能否被认可的重要因素，用户界面设计伴随"互联网+"的浪潮成为热门的就业行业。

　　用户界面设计指对软件交互、操作逻辑、图形界面的整体设计。符合用户心智的模型界面设计可以提高用户工作效率、创造愉悦的用户体验、塑造良好的企业形象。用户界面设计应以用户为中心，重视界面的可用性和用户体验，通过简单、准确的界面操作让用户专注于任务，快速高效地完成目标。用户界面包括物理界面和虚拟界面。物理界面指人与物互动的接触面，如设备的控制按钮；虚拟界面主要指软件的可视化、图形化的信息界面，如操作系统界面、电脑软件界面、手机App界面等多媒体终端设备界面。本书主要介绍虚拟图形界面的设计。

　　界面设计与用户体验密切相关，界面在传递内容的同时影响着用户体验。良好的界面设计是内容和用户之间的桥梁，能带给用户愉悦的体验；失败的界面设计会让用户和内容的互动变得很困难（图1.1）。

图1.1　界面与内容的关系

　　提高用户体验需要研究影响用户体验的要素，用户体验涉及五个层面：战略层、范围层、结构层、框架层、表现层（图1.2）。

　　战略层：战略层分为两个维度，一个是用户的维度，即用户的需求；另一个是设计师的维度，或者说企业的维度，即我们对产品的期望目标，也就是产品目标。研究用户需求，不仅要明确用户想从我们的产品中得到什么，还要知道他们想达到的这些目标将怎样影响他们期待的其他目标。产品目标，可以是商业目的，也可以是其他类型的目标。

　　范围层：确定产品具体的需求，如产品的功能有哪些、内容是什么，从而满足用户的具体需求，并达到产品目标。

结构层：为用户设计一个结构化的体验。如在交互设计中，系统如何处理和响应用户的请求，如何合理安排内容元素以促进用户理解信息。

框架层：确定产品的界面外观、导航设计、信息设计，以及屏幕上的一些元素组合，帮助用户更好地达到目标。

表现层：为最终产品创建感知体验。内容、功能、美学汇聚到一起产生一个最终设计，完成其他四个层级的所有目标。

用户体验的五个层面是环环相扣的，如果只重视表现层界面的视觉设计，而忽框架层和结构层，那么这样设计出来的产品只有表面和外壳，是无意义的。

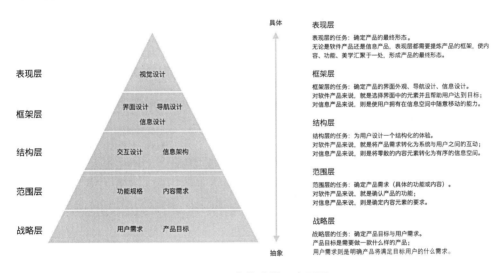

图1.2 用户体验的五个层面

二、界面设计发展历史

如今我们使用软件、App等产品时能够有较好的用户体验，得益于界面设计领域的先驱们作出的努力。很多今天看起来司空见惯的人机界面交互方式在历史上却经历了非常难以操作的阶段。用户界面设计的飞速发展依托于计算机从专业实验室设备向个人消费电脑的转变，人机界面设计从早期的人适应机器逐渐发展为机器适应人，直至以人为中心进行界面设计成为行业基本标准。

（一）1945—1968 年批处理界面

这一阶段是人适应机器，以批处理（batch processing model）为主要交互方式。

最早的计算机是面向专业研究人员的工具，当时所有的研发聚焦在计算效率上，良好的用户界面并不是研究者和使用者关心的重点，界面是否好用并不重要，界面设计的重点是尽可能少地消耗处理器（图1.3）。该阶段的界面设计以机器为中心，对用户操作水平要求很高，只能由专业工作者进行计算机的操作，用户必须去适应机器。

图1.3　早期的计算机需由专业人员操作

今天人们看起来非常简单的信息输入在当时却非常不便，那时候没有图形化用户操作界面，专业人员只能使用打孔卡（图1.4）、纸带和批处理机输入信息，通过给打孔卡打孔的方式描述程序和数据集。打孔程序需在专门的打孔机上操作，打孔机是类似于打字机的专业机器（图1.5），使用起来十分笨拙且容易发生机械故障，语法非常严格，必须由尽可能小的编译器和解释器进行解析。

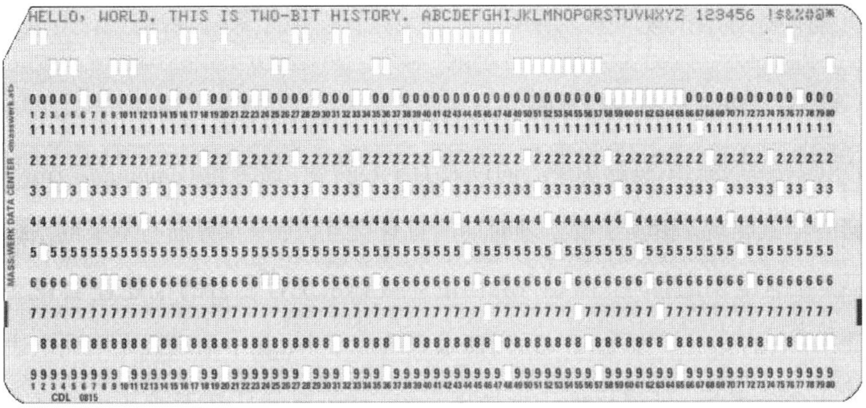

图1.4 打孔卡

图1.5 打孔机

　　专业人员将处理好的打孔卡放入作业队列并等待，有时也会安装磁带以提供另一个数据集或辅助软件。该作业将生成打印输出，其中包含最终结果或附带错误日志的中止通知。成功的运行还可能在磁带上写入结果或生成一些数据卡以供以后的计算使用。

　　除了控制台的有限接触人员，一般用户根本没有与批处理机进行交互的机会，所有工作没有实时响应，都需要等待，等待运行的时间通常跨越整天。即使非常幸运，也要花几个小时。某些计算机以二进制代码切换程序的过程更加烦琐且容易出错。该阶段晚期系统引入了批处理监视器（显示器），为下个阶段的命令行界面打下了基础。

（二）1969 年命令行界面

在这一阶段，以机器为中心向以人为中心转变，命令行（command line）界面交互方式出现。相较于批处理时期的打孔交互，命令行界面有着节约系统资源、操作速度快的特点。命令行界面由连接到系统控制台的批处理监视器演变而来。它的交互模型是从一系列请求到响应事务，其中请求以专用词汇表中的文本命令表示。延迟远低于批处理系统，运行时间从几天或几小时降至几秒钟。相较于批处理时期的漫长等待，命令行交互拓展了软件探索和互动的空间。但是这些命令仍然会给用户带来较大的记忆负载，需要用户投入大量的时间和精力来掌握，对用户的计算机知识要求较高，交互方式还是不够友好。

最早的命令行系统是由电传打字机与计算机结合产生的（图1.6）。电传打字机最初是用来自动发送和接收电报的设备，一般由键盘、收发报器和打字机等组成。发报时按下某一字符键，就能将该字符的电码信号自动发送到信道，收报时能自动接收来自信道的电码信号，打印出相应的字符。电传打字机操作方便，通报手续简单，应用广泛，而且相较于当时的计算机设备，它的价格低廉。因为它有可以发送信号的键盘，又能把接收到的信号打印在纸带上，能够满足人机交互的需要，所以将它作为交互设备，既能降低经济成本，又能让用户快速接受与熟悉。

图1.6　电传打字机Model 33 ASR

视频显示终端（Visual Display Terminals，简称VDT）在20世纪70年代中期被广泛采用，命令行系统由此进入第二阶段，进一步减少了用户等待的时间，因为屏幕上的字符比打字机头和托架移动的速度更快（图1.7）。视频显示终端的应用减少了墨水和纸张的消耗，平息了保守派对交互式编程的抵抗。可访问屏幕的存在让研发人员可以快速、可逆地修改文本显示，使软件设计人员可以经济地设计被描述为视觉而不是文本的界面，为图形用户界面的到来进一步打下基础。

图1.7　DEC VT100终端

（三）1973年图形用户界面

图形用户界面（简称图形界面）成为人机交互的主流，以Mac OS System 1.0、WindowsXP为代表。图形界面和鼠标在计算机上的应用，降低了计算机的使用门槛，越来越多的普通用户开始使用计算机。

在这一时期，图形界面成为主流，并以今天我们熟悉的方式呈现，各大计算机公司纷纷推出使用图形界面的计算机，本书挑选其中比较有代表性的产品进行介绍。

1968年道格拉斯·恩格尔巴特（Douglas C. Engelbart）展示了NLS系

统，该系统使用了鼠标（世界上第一只鼠标）、指针、超文本和多窗口。1970年Xerox Palo Alto研究中心的研究人员开发了WIMP范例，即Windows窗口、Icon图标、Menu菜单、Pointing Device指针，为图形界面的产生和推广奠定了基础。1973年施乐公司在Xerox Alto系统上应用了计算机上第一个图形界面，这是第一个拥有图形界面操作系统的计算机，开启了计算机图形界面的新纪元（图1.8）。虽然该产品由于成本高，性能不够突出，导致商业推广并不成功，但它影响了当时界面设计的发展方向。各大计算机公司在施乐公司的影响下，纷纷推出采用图形界面的计算机，如苹果公司、微软公司等。

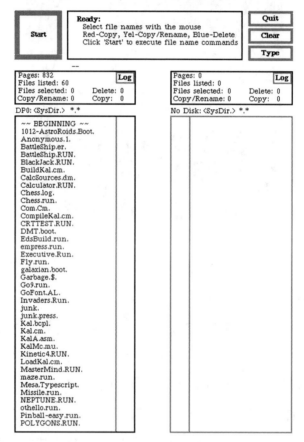

图1.8 Xerox Alto 1973

　　Xerox 8010 Star是第一个完整地集成了桌面、应用程序以及图形界面的操作系统，专注于"所见即所得"（图1.9）。

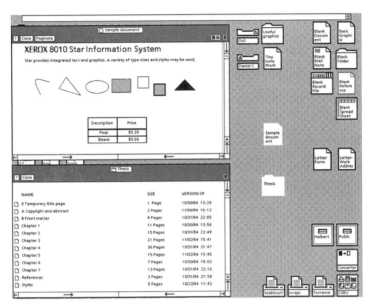

图1.9　Xerox 8010 Star 1981

　　1979年史蒂夫·乔布斯和一些苹果公司工程师访问了施乐公司，吸收了施乐公司界面设计的优点，并进行优化和完善，推出Apple Lisa Office System 1.0（图1.10），并在此基础上推出macOS System 1.0（图1.11）。

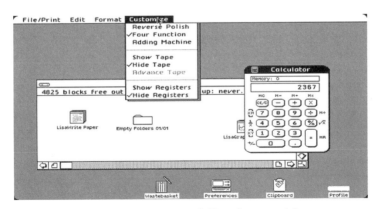

图1.10　Apple Lisa Office System 1.0

　　macOS System 1.0是第一个具有划时代意义的图形界面，该图形界面中的很多技术到今天仍在使用。如基于窗口的用户界面、可以被鼠标移动的窗口，鼠标拖动文件和目录可以完成文件的复制和移动，等等。与当时其他公司昂贵的商务电脑相比,苹果公司更注重个人电脑市场。1984年苹果公司在超级碗比赛上为Macintosh电脑投放广告,向普通用户推广采用图形界面的电脑。1988年苹果公司售出了100万台Macintosh电脑。随后,IBM、康博等公司也迅速推出了基于图形界面和鼠标的电脑产品。

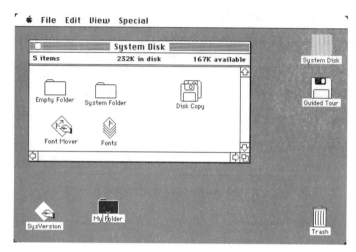

图1.11　macOS System 1.0系统界面 1983

1984年硅谷图形公司(SGI)推出了IRIX操作系统,该系统主要面向图形图像处理领域,产品的3D图形处理性能优秀。值得一提的是,该系统支持矢量图标(图1.12)。

图1.12　IRIX 3.0系统界面 1988

康懋达（Commodore）公司的Amiga电脑是20世纪80年代中期功能最强大的16位多媒体电脑，也是第一台被电视广播公司和电影制作公司广泛使用的电脑，有着强大的图形解析能力与令人惊叹的彩色图形显示。它的图形界面设计十分超前，在各家公司的图形界面色彩仍停留在黑白阶段时，它首先支持彩色，并支持四种背景色的更换：黑、白、蓝、橙，多状态的图标（选中和未选中）和多任务管理。乔布斯领导的苹果公司一度认为Amiga是其最强劲的对手（图1.13）。

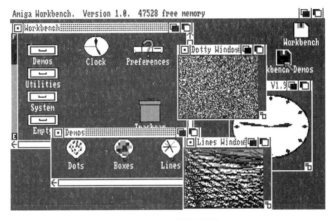

图1.13 Amiga系统界面 1985

1985年微软公司推出了第一款基于图形界面的操作系统Windows1.0，使用了32×32像素的图标以及彩色图形，并设计了趣味性的模拟时钟动画图标（图1.14）。虽然市场反应不理想，但该系统使微软公司终于在图形界面时代占据了一席之地。Windows2.0紧随其后发布（图1.15），但直到1990年基于Common User Access的Windows3.0发布，Windows系统才真正流行起来。

图1.14 Windows 1.0 1985

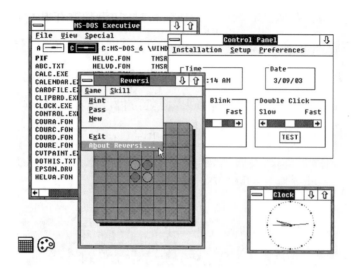

图1.15　Windows 2.0 1987

　　1985年史蒂夫·乔布斯离开苹果公司后，计划开发适合大学或实验室做研究的电脑，并成立了NeXT Computer公司。1989年该公司发布了NeXTSTEP1.0（图1.16），后来改名为OPENSTEP。该图形界面的图标较大（48×48像素），从开始的单色慢慢支持更多色彩，从中我们可以看到现代图形界面的影子。苹果公司于1997年2月将NeXT买下，成为macOS X的基础，并重新请回乔布斯管理苹果公司。

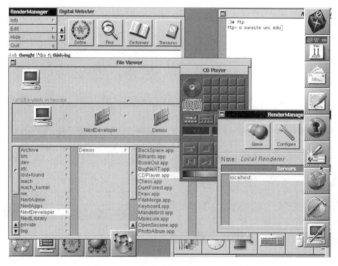

图1.16　NeXTSTEP1.0 1989

微软公司一直积极探索图形界面在Windows系统中的应用，随着电脑性能的提升，更高的屏幕分辨率和更加优秀的色彩显示出现了，能够显示和支持更加复杂的图形界面。曾为苹果公司设计图形界面的苏珊·凯尔（Susan Kare）受邀为Windows3.0设计界面，她为Windows3.0设计了大部分图标并统一了图形界面的风格（图1.17）。

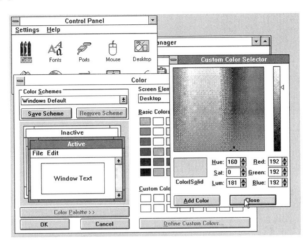

图1.17　Windows 3.0 1990

苹果公司的macOS System 7.0是第一个支持彩色macOS的图形界面，界面除了增加色彩外，还为图标添加了阴影，更好地模拟了真实世界中的事物，让没有电脑操作经验的普通人能更快地熟悉和掌握图形界面的操作（图1.18）。

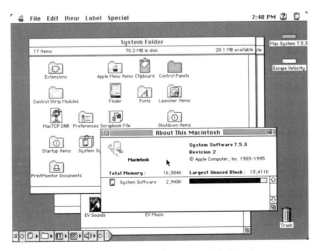

图1.18　macOS System 7.0 1991

　　此后，个人电脑市场竞争最激烈的战场出现在微软和苹果之间，两家公司都非常重视图形界面的设计。个人电脑在家庭和小型企业中的广泛应用，使未受过专业培训的用户可以快速上手使用计算机，这创造了一个快速扩张的市场。因此，商家愿意在图形界面设计上投入更多成本。具有真彩色能力的显示适配器、CPU和图形加速卡等硬件性能的提升，为下一步图形界面美学的复杂化打下了基础。

　　在乔布斯离开苹果公司的这段时间，苹果系统的界面设计没有表现出太多惊喜。1997年乔布斯重新回到苹果公司。之后，苹果公司在界面的艺术性和动画的交互方式上进行探索，使得界面不仅更人性化，还非常美观。2001年苹果公司发布了全新的Aqua（图1.19）用户界面。Aqua为英文"水"的词根，苹果公司以水为灵感，将颜色、深度、半透明和复杂的纹理加入界面设计之中，创造出吸引人的界面。乔布斯是这样介绍该界面的："它是流动的，它的设计目标之一就是让你看到它时就想舔它。"Aqua因精巧的设计和优雅的外观备受欢迎，苹果公司也因此重新成为行业领导者。Aqua的外观会经常调整，其中macOS X10.3 Panther（黑豹）增加了金属拉丝的效果（图1.20），并遵循操作系统中

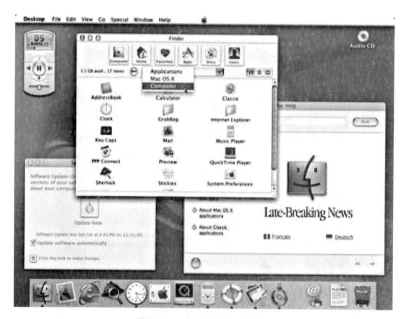

图1.19　Aqua界面 2001

扁平化的界面元素设计趋势,降低了透明度,淡化了窗口和菜单的细纹。macOS Big Sur(图1.21)界面设计进一步简化和扁平化,对macOS和iOS的界面风格进行了统一,整合了旗下产品整体的视觉形象,降低了用户的学习成本,顺应了用户对简洁、高效界面的需求。而不管苹果系统界面的细节如何变化,其总体一直保持着精美、优雅的美学风格。

图1.20 macOS X10.3 Panther(黑豹)

图1.21 macOS Big Sur

微软公司持续不断地迭代Windows系统，陆续推出Windows9X系列、WindowsXP、Windows Vista、Windows8等操作系统。与乔布斯回归苹果公司后推出的精致、美观、优雅的界面相比，Windows系统界面一直保持着相对朴素的风格。1995年微软公司推出Windows 95（图1.22），用户界面首次包含了桌面、任务栏、开始菜单、资源管理器等诸多元素。这是一个具有前瞻性的设计，其核心设计理念至今仍被广泛使用。2001年微软公司发布的WindowsXP（图1.23）提供了新的界面，系统也变得更加稳定，完成了Windows 9X以及Windows NT两种路线的最终统一。2006年微软公司发布Windows Vista（图1.24），为用户界面增加了侧边栏、Aero桌面、新的开始菜单等元素，使界面焕然一新。2012年微软公司将Metro UI风格引入Windows 8系统和Windows手机图形界面的设计中。Metro UI简洁、直观，没有过分华丽和炫目的背景，也没有逼真的拟物图标，顺应了新时代人们对界面使用的需求。Windows Vista系统桌面中除了开始菜单被移除之外，其他模式没有变化。Windows 8则对系统桌面进行了重大修改，包括桌面图标、网络设置、家庭组和部分文件夹在内的元素都有变化。因为这个时代的用户已经非常熟悉图形界面的操作，所以新的图标无须过度拟物，呈现出更加扁平化的风格，过于细致的拟物反而会影响用户的认知效率。

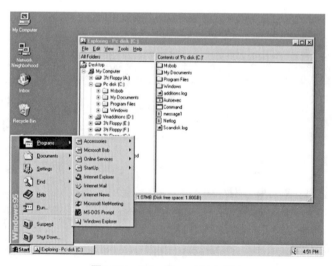

图1.22　Windows 95 1995

图1.23 Microsoft Windows XP 2001

图1.24 Microsoft Windows Vista 2006

图1.25 Microsoft Windows 8 2012

（四）未来展望

图形界面是当今软件、系统、App和智能终端主流的界面呈现方式，但仍有其局限性。因为图形界面并不是一种特别自然的设计，而触控技术的到来让图形界面变得更为直观。2007年iPhone和2010年iPad的推出，促使触控界面飞速发展，让用户能以新的方式与数字内容进行交互。即便如此，图形界面的使用设计仍然是不够自然的。不同的网站、应用、软件图形界面各不相同，用户在使用时需要去学习，这要占据用户大量的时间。用户在看图形界面的同时，需要用手与其互动，这限制了用户在同一时间内处理多件事情。比如用户在驾驶汽车或锻炼时，无法使用图形界面，所以这种界面并不是理想的界面形式。

随着科技水平的不断发展，超越图形界面的交互方式正在涌现。如2011年苹果公司推出的Siri语音助手。新型交互技术和设备也更加先进，3D交互、数据衣、数据手套、头盔等新一代虚拟现实交互设备（图1.26）和增强现实设备增加了用户的沉浸感。如Hard light VR套装能让用户更自然地进行交互，用户可在身体上直接接收来自虚拟环境的反馈（图1.27）。目前，虚拟现实技术多用于游戏、建筑、房地产、工程等领域，当这些触觉、控制设备发展出新的性能并达到小型化水平时，用户可以用更加自然的方式与虚拟世界进行交互。

图1.26　虚拟现实交互设备

图1.27　Hard light VR套装

新的交互技术突破了人与计算机、手机交互的基本障碍,构造了更加和谐的人机环境,用户界面设计正朝着人类生物学自然的交互形式发展。随着3D交互技术的迭新,手势识别、语音识别、表情识别以及各种传感器技术的发展,未来用户界面设计将出现更多可能,将在以人为中心的基础上,更好地实现自适应与人的交互。基于多通道和可直接操纵的用户界面操作起来将更加自然和个性化,以便吸引更多不熟悉复杂界面的人群进行数字内容交互。

三、设计流程

良好的设计流程可以给设计者提供框架性的思考,提高工作效率,保证工作结果的可行性。界面设计师并不是拿到任务后就开始设计界面,他需要把界面的用户纳入设计流程(图1.28),以帮助用户实现目标为出发点,以用户为中心,满足用户需求。因此,设计流程前期的工作主要围绕用户需求和目标展开。界面设计师只有在充分了解和梳理好用户需求后才能抓住设计点,进入视觉设计环节。

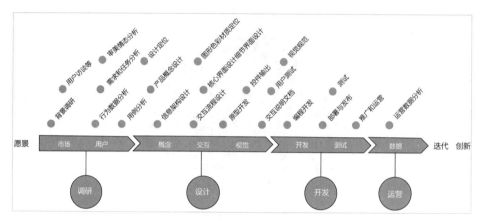

图1.28　界面设计流程

这里介绍的设计流程适用于常规的项目,但不同性质、不同规模和风格的项目在具体设计时,应根据自身的情况进行调整。后面的章节将对流程中比较重要的环节展开阐述,这里暂不做深入介绍,主要呈现流程的整体框架。

(一) 用户研究 (User Study)

设计界面的第一步是对用户进行研究。大部分时候,用户并不清楚自己到底要什么,这就需要设计师在研究用户的过程中发现问题和设计点。常见的用户研究方法有:访谈法、观察法、问卷调查法。本书第二章将对此做详细介绍。

为了保证数据的真实性与完整性,设计师需要及时统计用户调研获得的数据,避免因时间推移而遗忘数据的情况出现。

设计师对调研获得的数据进行解释,需要分析用户数据背后的信息,注意提取用户需求,记录设计点,发现可能存在的问题。若条件允许,应尽量让所有团队成员参与对数据的解释。界面设计需要团队协作,所有成员参与数据解释有利于大家达成共识,在后续工作中更好地协作。在解释数据的过程中,组织者要注意讨论氛围的把控,调动成员思维的积极性,鼓励表达,不轻易否定他人的观点。

亲和图(Affinity Diagram)是快速、高效统计受访者需求的方法(图1.29)。在白板或空白墙面上,设计者用不同颜色的便笺对收集到的数据进行分组和分层归纳,以便清楚看到用户面临的问题。这些问题是发现用户需求的基础。亲和图的优点是可以让所有问题都展现出来(逐一写在便笺上避免遗漏),便笺方便移动,可以随时调整归类,在归类的基础上进一步确定用户的需求。

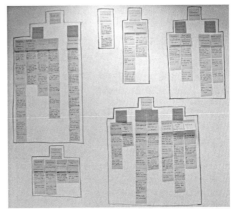

图1.29 亲和图

制作亲和图的具体方法是:最下面一层记录用户的个人信息、访谈见解等,同类同层信息用相同的颜色展示(如黄色)。接下来把这些便笺进行归类,用另一种颜色(如蓝色)的便笺收集对上一种颜色的便笺上的信息的理解和注释,然后对此类标签进行总结,再将汇总后的需求写在另一种颜色(如粉色)的便笺上,进而归类出更核心的需求,写在另一种颜色(如绿色)的便笺上。用便笺制作的亲和图使用起来非常方便和高效,便于设计师讨论和随时修改。如果要存档保存讨论结果,那么可以将亲和图做成电子版。如拍照保存或者选择Creately这类亲和图辅助工具进行操作。

撰写用户角色（Persona），即通过之前的用户调研和分析，综合提炼出一个角色模型（图1.30）。这里的用户角色不是某个具体的人，而是代表一类行为举止和目标动机相似的人群。通过撰写用户角色，设计师可以得到一个鲜活的用户形象。设计师共情一个特点鲜明的用户比共情一个抽象概念的用户更容易。通过分析用户的目标、行为、态度、能力、心理、工作生活环境，以及用户对现有产品和系统的失望之处，能更好地帮助设计师建立"目标—用户—任务"的联系。

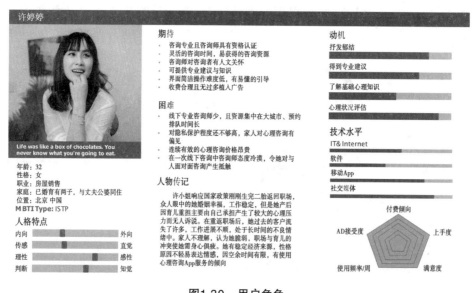

图1.30　用户角色

（二）头脑风暴（Brainstorming）

设计团队需要认真研究所有收集到的用户信息，让数据指导设计，没有顾忌地产生创意。在头脑风暴的过程中，项目负责人不要否定任何奇思妙想，最终由与会者投票选出热点设计和关键需求（在实际工作中也可能由项目负责人来最终决定）。头脑风暴是很好的产生创意的方式，但如果组织得不好则会冗长、低效。为了获得更好的讨论效果，项目负责人应提前进行充分准备：首先，认真挑选与会者并控制人数，可参考贝佐斯的"两张比萨原则"，即参与头脑风暴的人数控制在两张比萨可以喂饱的范围内。其次，将头脑风暴的议题和相关背景资料提前发给与会者，让与会者提前了解情况并进行思考。在头脑风暴的过程中，项目负责人要有清晰的策略思维，明确目标，快速梳理讨论内容，调整讨论方向，当讨论跑偏时及时将话题拉回到主题上来。项目负责人要善于从与会者的创意中得到启发，快速得出好创意，还要积极营造平等发言的氛围，注重吸收与会者的想法，不轻易否定。会议结束后，项目负责人应感谢每位与会者，及时根据会议讨论结果推进下一步工作，让大家觉得自己参加的会议是有价值的。

（三）产品愿景（Visioning）

要想将头脑风暴中产生的创意落实下来，还需明确要创造什么样的产品，它的使用方式是什么样的。为设计构建一个合理的情境，画出产品愿景图（图1.31）可以方便、高效地与其他部门成员进行沟通。各种点子都可以在产品愿景图中呈现出来。在一些矛盾的点子之间，设计师可以有所取舍并说明理由，再把好的点子集中起来，得出最终的解决方案。愿景是团队成员统一认可的产品价值观，是产品的指导思想。当团队中间产生分歧或产品功能

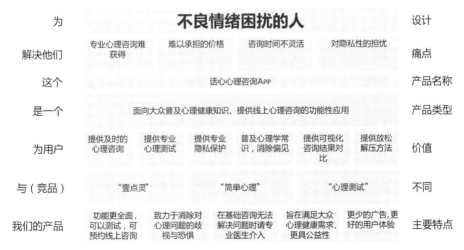

图1.31　产品愿景图

需求模糊不定时，愿景能帮助设计师作出取舍和判断。

（四）故事板设计（Storyboarding）

故事板起源于动画业，可以简单地理解为可视化的剧本，用于展示各个镜头间的关系以及镜头间的串联。在设计界面时，用故事板描述任务操作的细节，画出交互和操作的步骤，可以让设计师全面地理解用户和产品之间的交互关系（详见第四章）。

（五）原型设计（Prototype）

在绘制交互界面和操作步骤的框架图时，设计师要尽可能多地考虑到可能出现的问题。原型设计的保真度是随着项目的进展，从低保真逐渐向高保真过渡的。原型设计一开始可以是简单的手绘线稿图，到项目后期，通常是高精度的数码模拟图。原型设计和下一步的用户测试，可以根据项目需要进行多次迭代（详见第四章）。

（六）用户测试（User Testing）

在进入正式的界面视觉设计前，设计师可用原型进行用户测试，直接获取用户反馈。需要注意的是，原型的保真度会影响用户测试的效果，因此在测试前，设计师要对原型做检查，避免因特别简单的错误而影响用户测试的效果。在项目的不同阶段，用户测试的目的不同。此处的用户测试不同于产品完成后的用户测试，这是正式进入设计阶段前的预访谈，可以理解为再次征求用户意见的过程（详见第五章）。

（七）界面视觉设计（Visual Design）

在设计具体界面前，设计师要先确定界面整体的视觉风格，即界面看起来和感觉起来是什么样的。确定整体视觉风格后，设计师还需明确界面的视觉规范，可以先选择部分关键界面进行设计，然后逐一完成全部界面设计。

设计师还可以和程序开发人员配合，对界面进行切分，以适配不同终端（详见第六章）。

? **练习题**

　　1.用户界面设计由人适应机器转向机器适应人的原因是什么？

　　2.请根据图形界面设计"扁平化—拟物化—扁平化"的发展趋势，预测未来界面设计的发展。

第二章 **用户研究**

本章要点

1.掌握观察法、访谈法、问卷调查法等研究方法的具体实施步骤。

2.了解不同用户研究方法的优缺点。

提起用户界面设计,很多人马上想到界面该如何布局,色彩、图形等视觉元素该如何设计。如果只是单纯从视觉上考量用户界面设计,那么每个界面都可以有非常多的视觉设计方式,但用户界面设计绝不能只考虑良好的视觉效果。成功的用户界面设计始于对用户的理解。用户使用软件或系统是有想要解决的问题,有需要完成的任务,用户界面则充当人和机器、软件、系统交流的中介,帮助用户完成任务。当界面能帮助用户解决问题时,用户就会认可界面的设计。界面设计师常常有这样的困惑:并不清楚界面到底要解决什么问题才能更好地帮助用户。这是非常普遍的情况,若不进行用户调研,界面设计师便无从知晓用户的真实想法。许多有创意的界面之所以成功,正是因为界面设计师发现了用户最需要解决的问题,而不仅仅是因为他们擅长界面的视觉设计。

界面设计师只有了解以下信息,才可以更好地开展工作:

（1）了解产品的目标用户。目标用户并不是某个个体,而是一类人群。界面设计师需要了解目标用户的基本特征。

（2）了解用户的痛点,以及用户使用软件、系统的目标。

（3）了解相关竞品、用户对竞品的态度,以及不同的设计对这些态度的影响。

（4）了解用户使用产品的场景、用户实现目标需要完成的具体任务（行为）、目前用户实现目标的方法、用户平常使用的语言和词汇、用户使用类似软件的技巧,等等。此外,界面设计师还应搞清楚用户在使用前、使用中、使用后的各个接触点,确保设计方案能够形成闭环。

要找到这些问题的答案,界面设计师需要通过调研了解用户。界面设计调研方法借鉴社会学研究方法,常见的有观察法、访谈法、问卷调查法、日记研究法等。每种方法都有其优点和缺点,花费的时间、精力、财力成本各不相同,设计时可根据具体项目的预算和特点进行选择。

一、观察法

观察法指研究者带着研究目的,通过自身感官去直接观察研究对象以获得研究资料的方法。根据观察场地、观察者的参与程序、观察的准备过程的不同,观察法可以分为:实验室观察与实地观察、参与观察与非参与观察、结构式观察与非结构式观察。界面设计的用户调研常用参与观察法。参与观察法是指研究者走进研究对象的生活、工作环境,观察研究对象的日常生活状况以获得研究资料的方法。参与观察法最早见于20世纪20年代人类学家马林诺夫斯基（Malinowski）对澳大利亚特罗布里恩德群岛土著居民的研究。在用户界面设计工作中,参与观察法指界面设计师走进研究对象的工作和生活,通过观察研究对象的工作和生活的方式、状态,搜集界面设计必要的背景信息。如用户需求和用户技术水平等,以指导后期的用户界面设计。

（一）参与观察法的实施步骤

参与观察法的实施步骤为准备、进入、观察、记录和退出。

1. 准备

凡事预则立，充分的准备是参与观察法获得有效数据的重要保障。首先，观察者需提前梳理需要观察的内容，即观察者要清楚通过观察想获得哪些问题的答案，可撰写观察任务清单（表2.1），作为之后观察的指导框架。其次，筛选确定观察研究的场域并获得场域负责人许可。提前考虑调研工作是否会影响场域内的人的正常工作与生活，以及如果调研被干涉或中止时该如何解决问题。如果界面设计团队有可靠的社会关系，能够邀请调研场域内的人员作担保，将对调研工作的顺利展开非常有益。观察者需提前熟悉观察对象、场所、环境，提前准备好进入参与观察时的策略语言，以及正式开始前的铺垫性沟通，如自我介绍等。最后，观察者还要注意自身的行为规范。

表2.1　观察任务清单

手机颜色喜好调研
观察目的：了解手机用户的颜色偏好 观察地点：小区内超市 观察时间：9.1—10.16，一个半月时间内的周末 观察安排：计划6周周末的时间，去五六家超市观察 观察的具体任务： 1.不同性别用户对手机颜色的喜好 2.不同年龄段用户对手机颜色的喜好 3.是否使用手机壳，手机壳的颜色 ……

2. 进入

进入参与观察阶段分为进入场域和进入观察议题两种。观察者需提前与场域的负责人或联系人进行沟通，按约定的时间准时进入。进入场域后观察者要尽快与观察对象建立良好的关系，明确自己担任哪种角色。在观察目标的过程中，观察者要尊重、坦率、谨慎、不做预设，当一个善于反思的听众。观察者的角色通常有两种：（1）身份明确，场域内的人都知道他的身份；（2）身份掩藏，只有负责人或联系人知道他的身份，其他人则认为他是正常的参与者。进入观察议题通常是渐进式的，可以从不太敏感的话题开始交流，拉近与观察对象的距离，然后和观察对象说明此次观察的目的，让观察对象明白观察是为了后面产品的界面设计，而不是在考查他们的某项能力。

3.观察

在观察过程中，观察者要明确什么人、什么事、何时、何地、为什么以及怎么样六大要素。观察者应该翔实地记录发生的事情，如果提前准备了观察任务清单，可参考任务清单进行观察。观察目标用户现在如何解决问题、如何完成任务、完成任务过程中的态度、出现失误的地方，以及其他可能产生设计点的情况。

4.记录

观察者必须将观察过程中的收获及时用笔记录下来（表2.2），因为实地笔记就是研究资料，能避免随着时间推移而遗忘信息，并能保证研究资料的真实性。实地笔记主要内容包括：地点、行动者、活动、主题、行为、事件、时间、目标、感受等，可以采用摘要的形式记录。

表2.2 参与观察法记录

心理量表测试App界面设计观察 **地点:** 某儿童医院精神科测量室（如果能够征得同意，可拍摄观察场地照片，本案例涉及病患个人隐私，故此处不提供照片）。 **行动者:** 测试医生2位，其中一位医生负责组织病人进行测试，另一位医生负责评估和填写测试报告。实习医生1位，负责协助组织病人测试。 **活动:** 根据医嘱，通过电脑和电子化的测试方式，进行病患的心理量表测试。 **感受:** 测量室外等待的病患非常多，病患等待时间较长，在等待过程中常有病患询问叫号情况、是否可以领取报告等。

（二）观察法的优点与缺点

观察法的优点是让观察对象在熟悉的环境和关系中活动，观察者容易发现观察对象没有说出的潜在信息。除了观察对象的语言,观察者还可通过表情、肢体动作对其叙述内容的真实性进行判断,对观察对象的界面使用环境和他们的技术水平、学习能力有较为真实的认知。观察法的缺点是,观察者的个人主观因素可能会影响判断,需要观察者处理好与观察对象之间的关系,还要区分个人行为和群体行为的差异。

二、访谈法

访谈法指通过访谈的形式进行用户调研。访谈者通过与受访者之间的问答互动来搜集界面设计需要的数据。通过仔细挑选访谈对象,访谈者可以从少数用户那里了解整个市场需求,从受访者中提炼角色模型。

访谈可以面对面进行,也可以通过电话、网络语音和网络视频等形式进行。访谈有一对一、集体访谈、一对多(焦点小组)等形式。一对一访谈是最常用的方式,有较好的私密性和安全性。除了一对一访谈外,还有成对组访谈、三人组访谈和多人组访谈等集体访谈。集体访谈相对于一对一访谈而言私密性较差。一对多访谈效率高,对访谈者的要求也高,需要访谈者有较好的组织能力,能调动受访者积极参与分享,但同时要注意减少成员之间的互相影响。

根据访谈内容结构形式的不同,访谈可分为:结构式访谈、非结构式访谈、半结构式访谈。结构式访谈又称标准化访谈,指访谈者在访谈之前对研究主题已经做过程序性工作,对与研究主题相关的维度和属性非常清楚,并进行过优化工作。结构式访谈的特点是整个研究在设计、实施和资料分析的过程中,标准化程度非常高。具体来说,结构式访谈对选择受访者的标准和方法、访谈中提出的问题、提问的方式和顺序、受访者回答的方式、访谈记录的方式等都有统一的要求,甚至对访谈者的选择,以及访谈的时间、地点、环境等外部条件,也要求与受访者保持一致。非结构式访谈又称非标准化访谈,它是一种半控制或无控制的访谈。非结构式访谈更多是漫谈,访谈者不需要对访谈做系统的研究,适合在项目刚开始没有头绪时使用。通过非结构式访谈,访谈者对目标可以有更清晰的认识。与结构式访谈相比,它事先不预设问卷、表格和提问的标准程式,只给访谈者一个主题,由访谈者与受访者就这个主题进行自由交谈。受访者可以随便谈自己的意见和感受,无须顾及访谈者的需要。访谈者事先虽有一个粗略的问题大纲或几个要点,但所提问题是在访谈过程中逐渐形成的,可以随时提出。因此,在这种类型的访谈中,无论是问题本身,访谈者提问的方式、顺序,还是受访者的回答方式、谈话的环境等,都不是统一的。半结构式访谈指有一定的结构和逻辑,但结构和逻辑相对简单,受访者的选择、访谈想要了解的问题等只有大概的要求,按照一个基本的访谈提纲进行的非正式访谈。访谈者可以根据访谈时的实际情况灵活地作出调整,至于提问的方式和顺序、受访者回答的方式、访谈记录的方式和访谈的时间、地点等均没有具体的要求。

(一)访谈法实施步骤

访谈法的实施步骤可分为:准备、导入、正式访谈、记录、结束等几个阶段。

1. 访谈准备

进入正式访谈前的所有工作,都可以称为准备工作。

(1)受访者的选择和招募

调研的用户不是越多越好,要选出具有代表性的用户进行调研,不求全求量,而要求精求质,根据访谈想要获得的结果,界定和细化访谈对象。访谈者可从以下几方面考虑筛选受访者:一是确定招募人数。根据项目的预算、时间、精力确定招募人数,精心挑选受访者,若通过访谈5个人即可获得75%左右的有效结果,则招募5个人是性价比较高的选择。二是明确招募目标。基于受访者多样性的招募,要注重受访者的观点、经历等的多样性;基于受访者同质性的招募,要注意受访者的共性。招募典型案例时,受访者应该是具有某种背景的典型;招募特殊案例时,受访者应该有过某种特殊的经历。

（2）设计访谈提纲

设计访谈提纲要明确访谈目的，列出访谈的主要问题和内容。访谈提纲样例如下：

访谈提纲

一、专家资料

姓名_____　　性别_____　　出生年月_____

获得的最高成就_____

获得时间_____

您父亲的职业_____　　您母亲的职业_____

您有兄弟姐妹_____个　　　　您排行第_____

二、访谈导入

"××教授（作家/导演），您好！非常感谢您在百忙之中抽出时间接受我们的访谈。本研究是关于创新人才与教育创新的研究。您是……您提供的信息将对揭示人的创造力本质和人才的成长与培养规律具有至关重要的作用。"

"××教授（作家/导演），您提供的每一点信息对我们来说都非常珍贵，我怕来不及记录您的信息，恳请您同意我对谈话录音，感谢您的理解和支持，谢谢！"（得到同意后开始录音）

三、正式访谈

1.我们从您的作品谈起吧！

我们知道您对您所在的领域作出了创造性的贡献，在同行和社会中都有广泛影响，您认为在您的这么多作品中，哪一部是最富创造性的？

2.在您的众多作品中,您选择这部作品作为最有创造性的代表,是怎么考虑的?

追问:创作作品时,哪些是您特别看重的地方?

3.您能讲讲这个工作是怎么开始的吗?

追问:

a)您为什么要创作这样一部作品?

b)您创作的灵感源自哪里?

4.您认为这部作品的哪些地方最能体现您的创造性?

5.您是说这个工作的关键部分是＿＿＿＿＿＿。您最早是怎么获得的呢?(请受访者讲具体的过程、讲事件、举例子。)

追问:

a)您是怎么确定最终创作目标的?

b)您都想到了什么?

6.从您产生这个想法,到最后完成这个作品,过程一定值得回顾吧,能谈谈您的创造过程吗?

追问:

a)在这个过程中,有什么重要的事情发生吗?

b)这些事情对您的创造起了什么样的作用?

c)在创作的过程中,您碰到了什么困难?又是怎样克服的呢?

d)哪些性格特征决定了您创作这样的作品?

e)思维特征的自我评价。

7.关于×××这个作品的创造过程,您还有什么要补充的吗?

追问:

您还有很多其他富有创造性的作品,在这些作品的创作过程中,有哪些经历也给您留下了深刻的印象?

8.今天您有这样的成就,您认为在成长过程中哪些事情对您的创作起到关键作用呢?

(可以提示受访者按阶段回忆和叙述)

追问:

a)回顾您的个人经历,您觉得对您影响最大的事情是哪些?比如童年、少年、青年各个不同阶段发生的事情。

b)这些事情发生的过程是怎样的呢?

c)在您刚才提到的事情中,能列举出最重要的三件事吗?

d)在您刚才提到的事情中,能列举出对您影响最大的三个人吗?他们分别是怎样影响您的?

e)(引导叙述关系)您对这种影响程度的自我评价如何?

f)事件和人物对您的影响哪个更大?

9.学生创造力的培养越来越受到重视,您认为应该怎样做才能更有效地提高学生的创造力?

追问:

您认为现在应该更注重学生哪方面能力的培养呢?

10.在同一所学校里,有的人成了创造性的人才,而有的人碌碌无为,您怎么看待这个现象呢?

追问:

您觉得哪些因素影响了人们创造性成就的取得?

四、结束

××教授(作家/导演),非常感谢您在百忙之中接受我们的访谈。从谈话中,我们了解到很多关于人才培养的重要信息和知识,深受启发。真诚希望以后还有机会再次向您请教。这是我们的联系方式,如果您对这项研究有新的想法和意见,欢迎联系我们。

（3）访谈细节准备

除了做好以上准备工作以外，访谈者还要提前熟悉访谈的地点、环境。如果是受访者来访谈者的工作地接受访问，访谈者则需要提前预定好访谈要用的会议室和使用时段，并布置好会议室（可以布置得温馨一些，缓解受访者来到陌生环境的紧张感），还要准备好访问中使用的材料。如果条件允许，最好提前熟悉访谈对象，如对受访者的基本情况做简单了解，并做简要的个人信息记录（表2.3）。访谈者要提前制定好应对不同性格受访者的策略，想好怎么把握访谈节奏，遇到内向的受访者该怎么启发。访谈者可以对访谈进行预演，如正式开始前铺垫性互动的预演等。访谈结束后，访谈者还要抓住进一步接触的机会。需要注意的是，访谈无须彰显个性，访谈者不宜与受访者在衣着打扮上相差过大，应表现出对受访者的尊重、激励、亲近，肢体语言不要过分夸张。

表2.3 访谈对象信息简要记录

序号	姓名	年龄	性别	使用手机时间	访问内容
1	用户1	38	女	工作时不看，主要在上下班坐车时刷手机	看新闻、微信，追剧
2	用户2	38	男	下班回家后喜欢躺在沙发上用手机看篮球赛	看篮球赛，看新闻、微信
3	用户3	31	男	有空就会刷手机，没注意过时间	刷抖音、微信
4	用户4	36	女	以前刷手机的时间太多，颈椎感觉不太好，现在比较克制，尽量少用	看综艺节目、追剧
5	用户8	37	女	手机统计信息说平均每天看2—3小时，报了一些网课，会用手机看	看网课、微信、新闻

2. 进入访谈

进入访谈可分为以下三种。

行政性进入：进入社区、办公楼等。进入这些地方进行访谈通常需要获得授权,需要来自管理者、研究机构的支持,视具体情况而定,访谈者需要提前和受访者沟通好。

物理性进入:进入办公场所、酒店等,准备好能证明身份的材料。

访谈性进入:开始进入话题,让受访者在心理、身体上都准备好接受访问。在这个过程中,自我介绍很重要,访谈者应提前准备好。

3. 访谈中

访谈者应积极营造轻松的氛围,结合受访者的情况开始访谈。在访谈过程中提问时,注意提问的方式、内容都要适合受访者,问题的表述要简单、清楚、准确。问题可以是开放型、封闭型、具体型、抽象型,由访谈者根据访谈内容进行选择。访谈问题应该由浅入深、由简入繁,自然过渡,不同问题间的转换不宜太唐突,避免问题之间缺乏关联性。适当的追问、受访者回答完之后的停顿,以及访谈者适当的回应都很重要。访谈者要注意访谈中的非言语行为,并对话题进行把控,避免偏题。访谈者要根据受访者的特征进行引导,遇到较为健谈的受访者要注意把握访谈节奏和内容,遇到内向的受访者则需要积极鼓励和启发。访谈者要谨慎评论,在访谈过程中保持中立,不宜表明个人的态度、立场、偏好,尽量不影响受访者表达观点,更不能和受访者进行辩论。访谈者还需做好访谈记录,经受访者允许后可以录音、录像。

•访谈偏题时,有如下几种处理方式:

(1)重复访谈提纲中的问题。

(2)总结受访者的谈话内容,并且转引话题:"刚才您说了……我想您是表达……的意思,对吗?那我更想了解一下您对×××的观点,您可以再谈谈关于这个问题的观点/想法吗?"

(3)直接从偏离的话题中找到新的话题,并进行深度访谈。这要求访谈者对于受访者非常熟悉和了解,还要有较好的话题捕捉能力。

•如果要鼓励受访者多表达,有如下几种处理方式:

(1)允许沉默和间断,可以说:"没关系,您再想想……"

（2）抓取访谈的某个观点，进行深度挖掘。"您刚才说到……针对这点您还能多说说吗？"

（3）总结受访者的谈话内容："我想您刚才说的意思是……不知道我这么理解对吗？"

4. 访谈退出

访谈的退出不是走过场，而是重要的社交环节。访谈者应该把握好结束的时机。良好的结束语可以给受访者留下好印象，为之后再次访谈积累资源，减少寻找合适受访者的工作成本。访谈结束时，访谈者一般先对本次访谈进行总结和回顾，再对受访者表示诚挚的感谢。

5. 访谈后

访谈者要及时整理访谈记录，总结受访者的诉求是否符合目标用户的诉求，还要考虑其需求建议是否可实现、是否符合产品的切实利益，以及是否有利于产品的运营推广。访谈时，访谈者可在访谈提纲上做简要记录，还可以另外准备一个简要记录表（表2.4），记录访谈时的一些其他思考。

表2.4　访谈简要记录表

地点：公司会议室
对象：
时间：下午1：30——下午3：00
电话：
录音编号：
一、访谈内容
　　1.具体内容
　　2.具体内容
　　3.……
二、访谈启发
　　1.具体内容
　　2.具体内容
　　3.……
三、其他记录

（二）访谈法的优点与缺点

访谈法比较灵活，访谈者可以根据访谈提纲按顺序进行访谈，也可以在访谈过程中根据受访者的回答，及时对问题进行调整或展开。在受访者有疑问时，访谈者可以适时地解释和引导，以获得更加有效的反馈。访谈者应努力让受访者消除顾虑、放松心情，这样有利于受访者给出更加真实的答案。访谈者通过对访谈环境，访谈时间、内容、节奏的把握，获得访谈的主动权。如果访谈者能适当加快交流速度，使受访者无法长时间斟酌答案，就可以获得更加自发性的回答。这种回答一般较真实、可靠。除了捕捉受访者的语言信息，访谈者还可以捕捉受访者的眼神、手势、姿态等非语言行为，以此鉴别受访者回答内容的真伪以及受访者的心理状态。

访谈法通常是一对一的访问，也有一对多、多对多的访问。访谈者在访谈中发挥着重要作用，是访谈调查中的询问者、记录者和观察者。在一对多的访谈中，访谈者还是访谈的组织者、主持者和协调者。若想获得更好的访谈效果，组织方还要对访谈人员进行培训，这就需要投入更多的时间、人力和物力成本。面对面访谈相对缺乏私密性，受访者会担心个人信息泄露。所以访谈者应尽量先征得受访者的同意，再使用录音录像设备。访谈法数据梳理难度较大，因为访谈有灵活性，得到的答案多种多样，对结果的分析会更加复杂。

三、问卷调查法

问卷调查法是最常见的用户研究方法之一。研究者将统一设计好的问卷分发给受访者，通过收集受访者填写的答案，获得研究数据。通过问卷调查法，研究者可以了解用户对产品的态度、用户的生活形态、用户对竞品的态度和熟悉程度等。

（一）问卷调查法的实施步骤

问卷调查法的实施步骤通常分为：问卷设计、问卷发放与回收、问卷统计。

1. 问卷设计

使用问卷调查法调研，受访者只能被动地填写设计好的问卷，所以问卷的设计尤为重要。在问卷设计准备阶段，设计者需要明确调查的目的，即自己想从问卷中获得哪些信息，目的决定了具体问题的设计。问题的设计影响调研目的的实现程度，受访者通过选项进行回复，因此选项是否全面、合理非常重要。

（1）问卷结构设计

问卷的结构设计指问卷的内容结构设计，包括问题与问题之间的关系以及不同问卷之间的衔接等。问卷整体结构主要根据受访者的身份、问题的内容、问题的难易程度和分析框架进行设置。设计简单的问卷，如10道题以内的问卷，结构的安排与布局相对容易；设计复杂的问卷，如果结构安排不妥，不仅会影响受访者回答的效率，也会影响调查质量。复杂问卷按结构不同通常分为模块式和关联式。模块式是依据问卷内容的相关性将问题归为不同的模块，关联式是按问题变量间的关系顺序排列问题。

（2）问卷题目顺序设计

甄别性题目（受访者在做正式的问卷之前做的筛选类题目）放最前面。其他题目通常遵循先易后难、先一般后敏感的逻辑安排。当然，如果一个问题的答案会影响接下来一系列问题则应该安排在前面。题目的设计要能让受访者快速进入状态，避免让受访者一开始就面对难题，从而产生畏难心理放弃回答。问卷的前几道题可设置成受访者不用思考就可以回答，且不会产生防备心理的题。尽量让受访者打消顾虑，减少畏难情绪，不宜把需要受访者缜密思考的问题放在一起。

常见的题目类型有如下几种。

较难的题目类型：需要受访者的记忆力配合的、需要受访者的智力配合的、需要受访者的心理配合的。

较容易的题目类型：基本信息类（性别、年龄）、公开事实类、现状类。

敏感类题目：隐私类、特别行为及习惯类、疾病类、私人信息类（身份信息、收入信息等）。敏感类题目应放到合适的位置，如疾病类问题，要先问健康，再问疾病。

（3）问卷主体设计

一份完整的问卷包括标题组、申明组、指导语组、问题组、说明组。

标题组：介绍调研的主题、调研的组织结构、调研的执行机构，通常出现在问卷的封面。申明组：调研的目的说明和保密申明，一般出现在纸质问卷的封二、封三。指导语组：在每一类问题前的指导性说明，解释这类问题的目的以及回答方式。问题组：问卷的主体，包括题干与选项。说明组：对问题以及选项中需要解释的术语、范围等进行界定性的说明。其中最重要的是问题和答案的设计。

问卷的题目要围绕调研目的展开，依据操作程序，将变量进行分类并列出清单。针对每个变量，依据访问形式设计单个问题或问题组，整体谋划问题框架（图2.1、图2.2）。如针对用户满意度展开问卷调查，可围绕影响满意度的因素设置问题，参看有关理论，对每一个因素根据需要进行进一步分析，以得到更多的指标（图2.3）。对用户进行分类，先要确定是面向所有人还是面向指定用户。如面向互联网用户的调查问卷，就可以细分出PC端用户、移动端用户、小程序用户等。

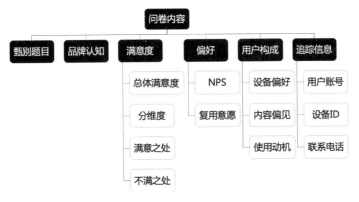

图2.1 用户满意度调查问卷题目设计框架

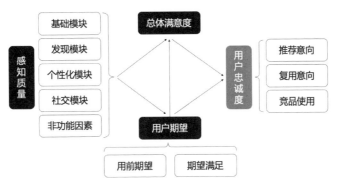

图2.2 用户满意度调查问卷题目设计逻辑

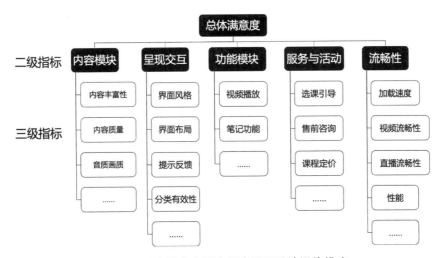

图2.3 用户满意度调查问卷题目设计评价维度

一道问题通常包含题号、题干、指导语、编码、选项/输入空间、继续方式等元素。内容通常包括四类：存在类、行为类、观点类、能力类。问题应该如何设置？使用单个的直接问法还是成组的间接问法？使用开放式问题还是封闭式问题？开放式问题只提问题，不给答案，优点是可供受访者自由回答，获得的答案丰富生动，缺点是对受访者的要求较高，需要受访者有一定文化水平，且填答问卷花费的时间多，统计和处理答案过程复杂。研究者在分析时对答案的理解可能存在偏差，尤其是当受访者填写内容较少时。封闭式问题是由研究者提供若干答案供受访者进行选择。优点是填答方便，省时省力，容易统计分析，缺点是答案无个性，不容易发现深层问题。单选题和多选题是问卷中广泛使用的题型，各有优缺点。单选题的封闭选项有利于资料处理，但常会限制回答的多样性；多选题的开放选项有利于收集丰富的资料，但选项不易数据化。常见问题题型优缺点如下表所示（表2.5）。

表2.5　常见问题题型优缺点

题型类型	使用场景	优点	缺点
单选题	有明确的回答选项时，选项之间互斥	问题和选项简单明了	所获信息量小，答案往往难以体现受访者中客观存在的不同态度
多选题	有明确的回答选项，但可能多种情况并存	问题和选项简单明了	无法判断选项之间的优先顺序
文本题	希望搜集更丰富的信息时	受访者的观点不受限制，便于研究者深入了解受访者的建设性意见、态度、需求	统计相对烦琐，文字表述不完整时无法获知真实观点
矩阵题	答案选项相同的一组题目	节省问卷篇幅，节省回答时间	受访者容易厌倦
李克特量表	由一组陈述组成，每一个陈述有非常同意、同意、不一定、不同意、非常不同意五种答案，分别记为5、4、3、2、1	对主观认知态度进行量化，可以区分程度，便于进一步统计加工	受访者作答时不容易集中注意力

题干的设计宜简洁、直接，避免让受访者进行过多思考。正面提问优于反面提问。宜简单提问，不宜复杂提问；宜中性提问，不宜诱导提问；宜封闭提问，不宜开放提问；宜短句提问，不宜长句提问。题目总体数量不宜过多。当题目过多时，提问者需要进行删减、拆分，或者通过其他方式获取数据。

设计题干时可参考以下原则：

- 具体性原则。问题的内容要具体，不要抽象、笼统，题意要明确。

- 单一性原则。问题的内容要单一，不要把两个或两个以上的问题合并在一起，多重题意会导致受访者无法准确作答。如"您觉得界面的版式和色彩会影响您对界面的喜爱吗？"这个问题就包含版式和色彩两个影响因素，提问者可以将问题拆开。

- 通俗性原则。提问者表述问题的语言要通俗，不要使用让受访者感到陌生的语言，特别是不要使用深奥的专业术语。如"你觉得这个界面的网格系统有利于界面视觉层次的构建吗？"

- 准确性原则。提问者表述问题的语言要准确，不要使用模棱两可、含混不清或容易产生歧义的语言。

- 简明性原则。提问者表述问题的语言应该尽可能简单明了，不要冗长、啰唆。

- 客观性原则。提问者表述问题的态度要中立，不要有诱导性或倾向性语言。

- 非否定性原则。设置问题要避免使用否定形式。如"您不知道点击这个按钮可以回首页吗？"可以改为："您是否知道点击这个按钮可以回首页？"

问卷选项的设计应遵循以下原则：

- 相关性原则。设计的选项必须与问题有直接关系。

- 同层性原则。设计的选项必须具有相同层次的关系。

- 完整性原则。选项要完备，应尽量涵盖所有、起码是主要的内容。如"你喜欢下载哪些类型的手机App？A.生活类，B.游戏类，C.学习类。"这三类答案明显没有涵盖所有类型，如果选项的种类无法完全列出时，可以让受访者填写其他选项。

- 互斥性原则。问卷中每一题设计的答案必须是互斥的，也就是说答案之间不能过于类似。

- 可能性原则。设计必须是受访者能够回答，也愿意回答的内容。

（4）问卷辅助信息设计

问卷的辅助信息也很重要。充分全面的信息能让受访者更加放心地填写问卷。问卷封一通常包括调查项目标题、样本信息、访问过程信息、督导过程信息等。问卷封二通常是问卷申明，包括权责说明、保密说明、无害说明等。指导语是对问题与回答的说明，介绍回答的注意事项。说明语是对问题中术语的解释与说明。根据需要，问卷还可以设计访员记录，让访员填写一些研究者的信息。

问卷申明（样例）

您好！感谢您抽出宝贵的时间参与此次问卷调查。本次调查是为我公司产品用户界面改版做的准备工作，研究用户对产品界面视觉效果的偏好，不会泄露您的任何隐私，所有填写的内容仅用作内部研究。问卷中的题目没有对错之分，请您根据实际情况自由填答，无须署名。您的意见对我们的研发工作非常重要，感谢您认真填答与配合！

问卷设计的最后一步是对问卷进行美化，良好的视觉效果可以让受访者更愿意填写，填写起来也更顺畅。题干和选项要清楚区别，选项的排列要一目了然，题与题之间间距清晰，避免排列混乱。设计跳转的问题，跳转路径要清晰，避免来回跳转。矩阵题要尽量为一类题。经过科学设计的纸质问卷具有一目了然的优势，便于直接提问和回答。但如果问卷结构太复杂，有大量跳转题或矩阵题,则容易造成人为误差。计算机辅助问卷,即电子问卷设计起来更加便捷,除了缺少真实的阅读体验外,这种问卷经过精心设计后有诸多优点:界面简洁、能避免复杂的跳转、选项记录说明清楚、符合回答逻辑、填写方便快捷。

预测试是问卷进入正式调查的必经环节,主要目的是测试问卷的可执行性,包括研究变量是否已经全覆盖、问题是否容易理解、调查结果的信度如何、各题之间的衔接与跳转是否流畅、访问时长与时机是否与资源的配置吻合、问卷的数据回收是否正常,等等。

2. 问卷发放与回收

问卷发放和回收涉及较多的组织与管理工作,所以在发放和回收前要做好计划,考虑清楚投放多少份问卷、通过什么渠道投放、投放多少天。问卷的投放量根据需回收的数量估算,一般回收1000份以上比较有价值。投放渠道大致分为线上和线下两种。线上投放主要依托公司产品内部资源,如改版产品的问卷可以在现有产品内进行投放。利用公司域内资源,可在公司兄弟产品中进行投放。利用公司域外资源,可以在与公司有合作关系的其他公司进行投放,也可以给注册用户投放邮件、站内信、消息推送、浮条、文字链接等。线下投放主要有定点拦截、流动拦截、电话访问、邀约访问等形式,比较适合非互联网用户,如老人或者孩子。

3. 问卷统计

电子问卷网站或服务商基本都自带数据分析的功能,能根据问卷的结果快速生成各种图表和数据报告,但其效度和信度不一定有保障。要获得较为严谨可靠的结论还需要人工对问卷数据进行统计处理。问卷的数据处理包括数据清洗、题项编码、描述性统计、深入分析和得出结论。筛选数据可以对问卷结果进行初步的处理,将答案填写不完整的问卷删除,将答题时间过短的问卷、低于最低答题时间的问卷删除。最后使用Excel对问卷结果进行统计,对结果进行简单的交叉分析,并用图表呈现统计结果。要获得更加严谨系统的分析结果,可以使用SPSS、SAS、Amos等专业统计软件对问卷结果进行分析。

(二) 问卷调查法的优点与缺点

问卷调查法的优点是:(1)调查范围广,短期内可以收集大量一手数据,尤其是基于手机和网页的电子问卷,调研的成本低;(2)有较好的统一性——问题统一、答案形式统一,便于后期数据处理;(3)有较好的灵活性,不受地点、时间限制,允许受访者通过不同的渠道随时填写问卷;(4)可匿名提交,受访者不用面对面填写,顾虑较少。

问卷调查法的缺点是:(1)作答方式缺乏灵活性,受访者只能被动地填写答案,而研究者也无法对答案进行解释,所以很难开展深入的定性调研;(2)问题及选项的设计很大程度上会影响受访者的回答,因此问卷调查法较适合收集受访者对现有产品的态度等基本信息;(3)问卷只能收集书面信息,无法反映受访者生活、工作的具体情况,并且研究者难以了解受访者是认真填写还是敷衍填写、是自己填写还是请人代劳的,若是敷衍或请人填写,会使调查失去真实性。

综上所述,问卷调查法适用于需要定量分析的调研,以及需要匿名的调研。研究者可通过收集问卷对已有假设进行检验,寻找问题之间隐藏的关联,对受访者认知及态度进行评估。但这种方法不适合发现和描述具体问题,也不适合研究者从中获取灵感或获得精确的行为数据。

四、日记研究法

上文介绍的观察法、访谈法、问卷调查法都是基于用户此时此刻的感受得出结论的方法,如需调研用户的某种行为是持续发生的还是偶发的,那么日记研究法是有效的解决方案。

日记研究法是研究者让参与者在特定时间内完成日记,记录研究者想要知道的信息的研究方法。

日记按结构可分为非结构化和结构化日记。非结构化日记由参与者决定写什么,虽然研究者通常会建议参与者写什么,但不强行规定什么不能写。他们可以写使用产品的日常体验,或使用产品时遇到的问题,也可以是今天的心情、和家人朋友相处的经历,等等。指导说明文档对非结构化日记来说非常重要,应具体、简洁、完整,能够有效引导参与者认真地填写日记。

结构化日记对要填写的内容进行了规定和统一,后期处理起来更高效。结构化日记可以分为三种:调查日记、可用性日记、问题报告日记。调查日记会设置一系列问题,参与者通过回答这些问题来完成日记。这种日记很像问卷,两者不同的是,每次的日记既可以设置不同的题目,关注产品的不同方面,也可以设置重复的题目,以便了解参与者的体验产生了怎样的变化。日记还可以设置开放式问题,给参与者提供深入描述体验的机会。可见,调查日记非常适合调查具有成长属性的产品,如游戏。每次的日记可以随着游戏进度的深入、难度的提升而设置不同的问题。可用性日记要求参与者根据每次执行特定的任务写日记,或者让他们看指定的内容,评估不同模块并描述产品的使用情况。如果要研究某个指定模块的用户使用体验是如何随时间变化的,那么选择这种可用性日记是再适合不过了。问题报告日记则像是一份随时反馈问题的表格,参与者无论什么时候有问题或者建议,都可以填写这种日记。问题报告日记的填写难度低,且容易发现产品的痛点,可在整个产品调查中不断进行。

日记按形式划分,有文本日记、图片日记、视频日记、音频日记等。选择日记填写形式的目的是让参与者可以轻松地记录,越是方便的记录形式越容易获得更多有效的研究数据。如要了解参与者使用手机的习惯,可以给参与者提供手机和规定了填写内容的文档(小一点的尺寸方便参与者携带),每当参与者使用手机时,就可以同时填写日记;如要搜集参与者开车时的信息,录音比较好;如要搜集参与者听课或演讲期间的信息,录音显然不合适,在纸上记录更好。另外，为参与者提供一些填写日记的培训可能会获得更好的调查结果。

（一）日记研究法实施步骤

日记研究法的实施步骤包括：招募参与者、制作日记材料、预测试、持续关注参与者、回收日记和整理数据等。

1. 招募参与者

研究者要根据调研目的筛选参与者，具体筛选标准可以参考访谈法。从报名者中选择有责任心、表达能力强的参与者，同时安排一些候补者，以应对在日记调研的过程中某些参与者中途退出的情况。

2. 制作日记材料

制作日记材料，内容包括需要填写的内容条目、规定记录的方式和格式。撰写填写指南，避免收回的日记出现大量与研究无关的信息。对日记材料进行包装，让材料看起来专业、吸引人。如果项目性质允许，可以设计、提供一些小贴纸或者其他道具，使日记的记录具有趣味性和吸引力，让参与者觉得填写的过程轻松有趣。

3. 预测试

在正式投放日记材料前，研究者要组织少量用户进行预测试，以便及时发现问题、完善日记材料，避免浪费调查资源。测试时，应统计完成一次日记所需的时间。一般来说，单次填写的时长不能超过30分钟，时间太长会影响参与者的专注力，降低材料的有效性。

4. 持续关注参与者

发放日记材料前，研究者应告知参与者提交的内容并不是用来测试智商或能力，而是用来优化产品界面设计的。发放日记材料时，研究者要向参与者提供自己的联系方式，填写指导发出后要和参与者及时沟通，向参与者清楚说明填写细节和注意事项，鼓励参与者多描述细节，字数不限，内容尽可能与使用体验相关,无论正面还是负面的评价都可以记下来。研究者应该经常和参与者保持联系,及时捕捉参与者反映的问题,从而进行日记结构的调整。

研究者要维持、提高参与者的积极性。日记研究法最大的不确定性是参与者中途退出,适当的奖励可以鼓励和吸引他们。奖励要和参与者完成日记花费的精力相匹配,比如为他们提供一些小礼物,有利于提高任务完成率。

日记研究法主要依赖参与者的自觉性,因为他们容易忘记持续写日记,这就需要研究者经常提醒参与者积极参与,告诉参与者,他的日记对研究项目非常重要。但要避免过于频繁地给参与者发送提醒信息,否则很容易适得其反。

5. 回收日志

纸质日记可以让参与者寄回,注意快递到付,或者在给参与者的费用里涵盖快递费支出,不要因为这些细节给参与者留下不好的印象,以便为以后的合作建立良好的关系。语音、视频、在线文档日记,可通过邮箱、微信、QQ、问卷系统、在线文档等方式收回。

6. 整理数据

收回日志后,研究者要评估日记内容有没有用,如果日记内容与调查目标出现很大的偏差,则应及时对日记材料进行调整。整理日记更多的时候是对文本材料进行数据化处理,也就是对文本材料进行编码。编码方式有分组编码、分类编码、顺序编码等。

(二)日记研究法的优点与缺点

与前几种调研方法相比,日记研究法可以突破单一的时间限制,让参与者有更充裕的时间在熟悉的环境中填写。这样记录的内容更真实、更细致。面对面沟通时,参与者可能会有所保留,而写日记的方式使他们更容易真实地描述自己的生活状态和对某件事情的态度。日记研究法没有地域限制,在世界各地都可以进行调研,方便国际化研究,还可以分析文化和地理差异如何影响人们对产品的评价。日记研究法对样本数量没有要求，对研究人数也没有要求，一位研究人员可以同时对接5—10名参与者。但日记研究法的时间周期较长，在这个过程中，参与者可能会中途退出，造成样本流失，为研究带来不确定性。

五、其他研究方法

研究普通用户得到的结果通常在设计师考虑的范围内，除此之外，设计师还需要了解一些差异，去发现那些自己考虑不到的情况。如对专家用户（Lead User）和极端用户（Extreme User）进行研究可拓展设计师对用户需求认识的深度。大多数产品的用户分布遵循"钟形曲线"，普通用户最多，分布在中间，专家用户和极端用户人数较少，分布在峰值的两侧。和普通用户的常规使用需求不同，专家用户和极端用户的使用需求更复杂。通过研究专家用户和极端用户的使用需求，设计师可以发现普通用户未知的需求和创意，识别用户行为或需求的发展趋势，促使自己去寻找全新的、具有独创性的想法。

（一）专家用户调研法

在大多数时候，产品的设计由设计师基于用户调研数据驱动创新，用户本身就是设计创意的重要来源。尤其是专业壁垒较高的领域的专家用户，他们对产品的需求远远高于普通用户，且与市场和技术的发展趋势一致。因为专家用户比普通用户具有更丰富的产品相关知识，可以拓展性地使用产品，所以他们在面对需求无法被满足的时候，经常自己动手改进产品，而这些改进往往极具创造性。设计师与专家用户进行互动，可能收获先前未曾考虑到的解决方案或产品设计，这时专家用户就成为创新的引擎。设计师的工作之一就是协助专家用户将解决方案落地，让产品变得更好。此外，专家用户对产品的评价容易被相关从业人员信赖和认可，因此在产品开发过程中，得到专家用户的建议是界面设计成功的重要因素之一。但专家用户资源稀少，有时候需要通过专业的咨询公司来寻找专家资源，并且需要支付相应的费用。与专家用户交流时，设计师要着重记录普通用户可能已经熟悉的技术和方法的替代方案，或先前未选择的解决方案，并通过测试原型检验这些创意，看其是否能引起普通用户的兴趣，如可行则采纳，向普通用户推广。

（二）极端用户调研法

极端用户可以帮助设计师拓展设计思路、提供有价值的设计思想。以电子邮箱的使用为例，大部分人都有电子邮箱，但其中一些人收到的邮件会比其他人多得多。如史蒂芬·波马曾在新加坡亚洲领导人论坛上介绍，比尔·盖茨每天会收到400万份邮件，这个数量远远多于其他用户，所以比尔·盖茨是电子邮箱使用的极端用户。同时，也有些人收到的电子邮件非常少，很久才会收到一封邮件，他们可能半年或者更长时间才查看一次邮箱，这样的用户也是极端用户。这两类用户使用邮箱时会因为邮件数量的巨大差异而对界面的需求不尽相同。设计师在考虑极端用户时，可思考产品的哪些功能是团队想开发到极致的，然后思考哪些人可能已经在最大化地使用这些功能。通常来说，从事有趣职业的人更有可能成为极端用户。如商业摄影师每天可能需要处理海量图片，对图片处理软件的需求会有不同于普通用户的地方。在跟极端用户交流时，设计师要留心观察他们现在是怎么实现需求的，有哪些需求是产品无法实现的。极端用户的需求也可能和普通用户的需求重合。需要注意的是，极端用户并不是产品的主要用户，设计时要为主要用户进行设计。

以上就是界面设计时常用的用户调研方法。在实际工作中，我们要避免为了调研而调研。很多初学者进行用户调研就是设计一份电子问卷，通过微信、QQ分发几十到上百份，最后用问卷软件生成各种图表，结论看起来好像科学严谨，但对实际工作的指导意义并不大。这只是单纯地按照工作流程去调研，没有明确的调研目的，调研数据没有经过系统整理，很难获得可靠的数据，形成科学的结论。美国福特汽车创始人亨利·福特曾说："如果你问人们需要什么，他们会回答需要一匹更快的马。"设计师需要了解用户，但用户从个人角度出发提的需求并不全面，因此设计师应站在大多数用户的角度进行设计，比用户更了解所要设计的界面。

六、用户角色

如何在整个设计过程中牢记用户的需求？如何在先前工作的基础上推进设计工作呢？创建用户角色（Persona）是一个很好的办法。用户角色不是某个具体用户，而是在界面设计过程中，帮助设计师从用户角度出发进行设计的辅助，由交互设计之父艾伦·库伯（Alan Cooper）最早提出。这是在深刻理解真实数据的基础上创建的一个虚拟用户，是包含典型用户特征的人物形象。设计师在设计界面时参考用户角色，可以抛开个人喜好，更客观和直接地关注目标用户的行为和动机。

用户角色包括人口基础信息和用户动机等，如用户为什么要使用这个系统？是什么原因让用户使用或不使用它？用户的意图是什么？用户的行为是什么？用户的目标是什么？通过了解人物角色的想法、行为和感受，设计师可以了解用户的观点、心境、情绪等。在设计界面的过程中，用户角色的特征应集中且稳定，这样有助于保持设计过程的连贯性和一致性。

用户角色创建的步骤：

（1）研究准备与数据收集。选择使用前面介绍的各种调研方法，找出有代表性的各类用户，每种类型的用户不超过3人。

（2）制作亲和图。把收集到的事实、意见等定性资料，按相近性原则进行归纳整理。把关键信息做成卡片，然后邀请团队成员一起参与亲和图的制作和讨论。讨论者最好参与过之前的信息收集，这样制作出来的亲和图会更加准确。

（3）制作用户框架。描述用户的重要特征，在最终确定用户角色前，和团队其他人进行讨论,收集反馈意见并及时调整用户角色框架。

（4）优先级排序。区分主要用户、次要用户、潜在用户,可以根据使用频率、用户价值和用户规模进行划分。

（5）撰写用户角色。基于调研的真实数据,选择典型特征加入用户角色中,加入描述性元素和场景描述,让用户角色更加丰满、真实。将用户角色中的抽象描述具体化,如为用户角色安排名字,设定职业和背景,叙述他们的故事,还可以加上符合用户角色定位的照片,让他们看起来更加真实（图2.4）。这样能更好地引起设计师对角色的共情,因为共情某个人比想象抽象概念中的人要容易得多。使用用户角色App或在线工具,可以快速完成用户角色的设计,但部分扩展功能需要付费才能使用,设计师可根据项目预算进行选择。

图2.4　用户角色

七、撰写摘要

在下一步工作开始前，设计师应对纷繁的思绪和前期工作做个梳理，撰写摘要是有效的梳理方法之一。通过对项目做一个简短的描述，设计师可以更加清晰地铭记项目的设计目标。摘要需要描述项目是什么、项目的目标是什么、项目该如何运作以及使用情境和受众等。通过对这些问题的梳理，设计师将明确项目制作内容是什么，它是给谁用的，以及它将基于什么平台（手机/电脑）使用。如果没有弄清楚这些问题，此后数周或数月所做的工作可能会偏离目标，花费的时间和精力也会付诸东流。撰写摘要可以让团队成员在达成共识的基础上展开，以便减少后期工作分歧。

假如现在需要设计一款数字绘图软件的界面，设计师先要确定软件的受众。如果它是为对绘画感兴趣的小朋友而设计的，那么软件的功能和选项不能太复杂，并且界面最好有一些说明和向导。考虑到这个绘图软件是给小朋友使用的，所以发布在平板上比较合适——手机屏幕太小，难以看清画面细节，也无益于保护小朋友的视力；电脑也不合适，因为很多小朋友不会用鼠标，而平板用手触摸的交互方式更适合他们。把这些答案放在一起，设计师就可以对目标产品作出完整的描述：它是一款在平板上使用的绘图软件，为小朋友简单的艺术创作提供支持。当准确描述了它是什么，设计师就有了明确的目标。当然，无论要处理的是什么类型的内容，设计师都要成为这方面的专家，只有这样才能设计出最佳的界面解决方案。

❓ 练习题

1. 选择一款手机应用，为该应用重新设计界面。

2. 用访谈法、问卷调查法、参与观察法完成用户调研，利用基于调研得到的用户数据，为第1题的应用界面设计撰写用户角色。

3. 请谈谈访谈法、问卷调查法、参与观察法适合的不同项目类型。

第三章 信息架构

第三章

本章要点

1.了解信息架构在人机交互中的作用。

2.使用卡片分类法了解用户心智模型。

一、信息架构的概念

　　设计师拿到需求文档以后，如果马上开始进入设计阶段，按照习惯性思维，从最容易感知的部分着手，就容易忽略主要内容。如未经思考就直接画产品线框图，随意添加无逻辑、无关联的交互动画等，这会让整个产品的内容变得繁杂，用户对产品的使用也毫无头绪。如果我们将产品设计中各个环节的重要性按照权重大小进行排列的话，那么从大到小可以排列为：信息架构设计、功能结构设计、交互设计、视觉设计。这一章要解决的问题就是如何进行信息架构设计。在开始正式设计之前，设计师要从用户的角度考量信息架构，打造良好的用户体验。

　　信息架构是指信息的组织结构，是对要传递的信息进行统筹、规划、设计、安排，把信息合理地组织起来，也可看作在信息与用户之间搭建一座桥梁,方便用户获取信息。信息架构是产品的骨架,负责确定一款产品可以解决什么问题、由哪些部分组成以及它们之间的逻辑关系是什么。设计信息架构不仅是设计信息的组织结构,还要研究信息的表达和传递。有效的信息架构可以根据用户的实际需求指引用户一步一步地获得他们想要的信息,让用户一眼就能明白产品能做什么、大概怎么用。

好的信息架构的特点:与产品目标和用户需求相对应;具有一定的灵活性和延展性;分类标准具有一致性、独立性和相关性;能有效平衡信息架构的"广度"和"深度";使用用户语言,同时避免信息有歧义。

二、信息架构的意义

信息架构是内容传播的媒介,抽象的内容通过媒介以实体的方式呈现。信息架构将"人"和"人想获取的信息"联系起来,使信息呈现更明晰,用户获取更容易。对于一个产品来说,信息架构是非常重要的,原因有两个方面:第一,满足用户需求,让用户明白产品能做什么、怎么用;第二,保证产品的质量,提高产品的留存率和体验度。

设计师在进行信息架构设计前,需要从角色、场景、信息浏览方式、信息呈现等方面去理解产品,避免设计空洞。简单来说,需要注意以下几点:

(1)为用户设计。任何信息架构都应该面向用户,满足用户快速准确获取信息的需求;了解用户的需求,即用户需要什么信息;清楚要为用户提供什么信息,这是信息架构的主要目的。

(2)为场景设计。任何信息架构的核心场景,都是用户查找和阅读信息。核心场景又可以细分出一系列具体场景,如查找可以是搜索、筛选等。

(3)选择合适的信息浏览方式。按一般规律,人们从平面介质中获取信息,都是从左到右、从上到下。这是经过长时间实践,用户形成的习惯。

(4)选择合适的信息呈现方式。不同平台、不同场景下信息呈现的方式略有差异,但在大多数场景下,不要轻易颠覆用户已经习惯的信息呈现方式。

（5）选择合适的信息传递方式：信息传递的路径越短越好。越重要的信息，传递的距离应该越短。

三、信息架构的方法

构建信息架构的方法主要分为三步：第一步，获得信息来源，得到对用户有价值、对产品有价值的初始信息；第二步，以这些单点的初始信息为基础，构建信息面，再用信息面构建信息空间；第三步，将由各类平台的点信息和面信息构建的信息空间，抽象组合成三维的自然信息结构（图3.1）。

初始信息　　　　　　　　信息空间　　　　　　　　信息结构

图3.1　信息架构方法

（一）信息来源

信息是信息架构的基础，信息可以从产品和用户这两个层面获取。产品层面主要是从公司的战略、产品定位、发展趋势等出发制定相应的产品目标。设计师以这个目标为导向，拆解达成目标所需要的方式以获取信息。用户层面指的是了解用户的需求、分析用户能够从这个产品中获得什么、产品能够满足用户的哪些需求，等等。一般来说，成功的产品都是基于用户痛点来制定解决方案的。

有了产品方向之后，再往下延伸就要考虑这个产品具有什么功能、能提供什么信息。设计师通常会把信息分为两部分：数据和功能。这二者之间并没有明显的界限。数据是产品中的阅读对象，如照片、邮件、客户资料等，对象之间可能有包含关系。功能一般分为两种：为满足用户需求所做的功能和由于运营技术限制所做的功能。一般来说，功能元素包括对数据元素操作的工具，以及输入或者放置数据元素的位置。数据本身也可以作为功能入口，如头像。需求转化成数据和功能，要经过思维发散和思维收敛的过程。发散：尽可能多地寻找满足需求的方式。如我在28楼，要到一楼取快递，可以步行、坐电梯，也可以叫别人帮忙，或让快递员送上门。发散多个方案后，还需进行筛选，这就是收敛。

科学的信息架构对于用户来说，可以让其更容易找到想要的东西；对产品来说，可以更好地实现其商业价值，使展现给用户的信息更加合理且有意义。

（二）信息处理

在获取了单点的初始信息后，设计师可以通过信息处理和信息检索来进一步整理信息，构建信息面，通过逻辑顺序设计出有意义的路径，再给核心信息设计快捷查找的方式（图3.2）。

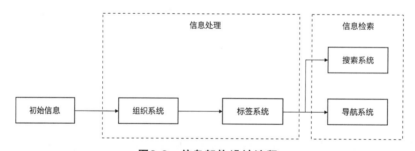

图3.2　信息架构设计流程

1. 组织系统

组织系统是信息架构的核心，能提供初始信息之间的关联，并对初始信息进行分类。分类涉及分类依据、分类方式、分类结果。分类依据是组织体系，分为精确性组织体系和模糊性组织体系。比如地理位置、时间是精确性组织体系；主题、用户群、任务是模糊性组织体系。分类是为了更好地传递信息，是对信息进行科学的选择和组织。分类体系主要分为从下至上和从上至下两种。

第一类: 从下至上分类体系

这种体系通常应用于ToC类的产品。它是根据"内容和功能需求的分析"而来的。方法是先把所有内容放在最低层级,然后经过筛选,将它们分别归属到较高一级的类别(图3.3)。这种分类方法其实就是归类。具体来说,首先将所有的功能点用一张张卡片写下来,然后让目标用户参与到信息分类中,并反馈相关分类标准,设计师将这些分类标准作为梳理信息架构的参考。在实际工作中,设计师或者产品经理本身要有一定的信息筛选、梳理、分类的能力,以便进一步通过用户测试去检验分类的信息传达有效性。

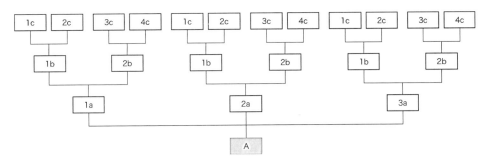

图3.3　从下至上分类体系

卡片分类法是从下至上分类常用的方法,即让用户对功能卡片进行分类、组织,并给相关功能的集合重新定义名称的一种整理方法。卡片分类法可以用于了解用户心智模型。方法是将各种功能写在不同的卡片上,通过分析目标用户对产品的分类过程和分类结果,得出符合用户心理需求的信息架构。卡片分类法是站在用户的角度来理解和组织信息。了解用户整理归类的方式,可以帮助设计团队验证分类是否符合用户的预期,进一步优化信息架构。卡片分类法实际操作步骤大致分为确定目标、选择卡片分类法、选择分类对象、卡片分类、信息整理分析、归纳整理信息框架六个步骤(图3.4)。

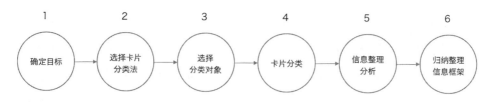

图3.4　卡片分类法步骤

　　第一步,确定目标。设计师必须明确使用卡片分类法要解决什么问题。它特别适合用于解决那些子级信息元素庞杂,同时设计师又不能明确每个子级信息元素的分类、归属的问题。

　　第二步,选择卡片分类法。卡片分类法主要分为开放式和封闭式两大类。

　　开放式卡片分类法:给定待分类的主题卡,不预设分组,让用户根据自己的理解将主题卡分成若干组别,并以描述内容的方式为组别命名(图3.5)。开放式卡片分类法适合那些连设计师也不确定所有信息属于哪些分组,且不确定到底应该有多少分组的情况。这种分类法通常用于产品尚处于筹划阶段的项目。它不是用来做设计验证的,而是为产品信息架构提供参考,是设计产品信息架构的基础。

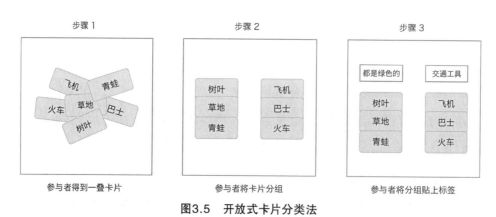

图3.5　开放式卡片分类法

　　封闭式卡片分类法:设计师预先设置好卡片分组,要求参与者把所有卡片按照自己的理解放入预设好的分组(图3.6)。封闭式卡片分类法适用于产品已经确定了大致的信息架构,或者设计师明确知道信息应该属于哪些分组的情况。这种分类法的好处是目标明确，在可验证自己的推论或设计的情况下，把参与者的分类和自己预设的分类进行比较。

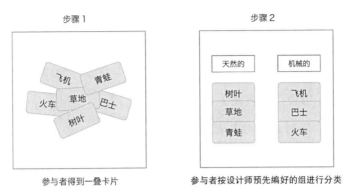

图3.6　封闭式卡片分类法

第三步，选择分类对象。

- 邀请人数：相关实验表明，当样本数量为15时，得出的分类结果与全部用户的分类结果之间的相关系数达到0.9，所以邀请人数以15人为佳。

- 排除利益相关的用户：如果把参与项目的开发、测试等相关人员包含在调研对象里，这些人会因为自身的利害关系而选择对自己有利的分类方法，从而影响结果的客观公正性。

- 排除完全没有交集的用户：如果调研对象完全没有体验过相关产品，可能会影响调研结果的准确性。

- 选择具有一定逻辑思维能力的用户：调研对象需具有一定的逻辑思维能力，可作出独立的判断，这样结果才具有参考价值。

第四步，卡片分类。

- 创建卡片：卡片类型主要有主题卡、空白卡和组别卡。

主题卡：根据需要测试的主题准备单词主题卡或图片主题卡，每张卡片只有一个主题。数量通常为50—60张，数量过多容易使参与者感到疲劳。

空白卡：准备若干张空白卡，以便参与者自行添加主题。

组别卡：使用不同于空白卡的组别卡，让参与者为组别命名。

主题卡编号：在卡片不明显的地方编号，以便研究者进行后续分析。

• 执行准备：包括邀请用户、估算时间、准备空间、随时记录和准备奖励几个步骤。

邀请用户：邀请参与者到场，提前做好测试准备。

估算时间：提供估算时间有助于参与者建立完成时的预期。

准备空间：方便参与者将主题卡平铺在桌上或者粘贴在墙上。

随时记录：随时记录参与者的想法、问题等。

准备奖励：可以为参与者准备一些奖品作为奖励。

• 开始测试：向参与者说明目的以及随机演示卡片，注意分类执行中的工作细节。

说明目的：向参与者简要说明本次开放式或封闭式卡片分类的目的。在开放式分类中，要求参与者针对自定义的组别命名；在封闭式分类中，仔细了解参与者如何定义这些组别。

随机演示：随机演示卡片有助于参与者进行分类。

分类执行：尽量不要打断参与者，允许参与者使用空白卡添加主题，或弃置不想要的主题卡。

鼓励思考：鼓励参与者提出问题，进行思考，团队成员可以随时记录思考内容。

及时记录：及时拍摄分好类的主题卡，记录分组的名称、数量以及主题。

提供奖励：可以为参与者提供一些奖品。

根据项目情况，设计团队可以在线上执行卡片分类。有很多桌面工具、在线工具具备基本的分析能力，如 Cart Sort（Windows 应用程序）、xSort（Mac 应用程序）、Optimal Sort、Usability Test Card Sorting 等。

第五步，信息整理分析。

不论是通过线上还是线下方式，收集到符合要求的卡片分类样本后，设计团队即可开始进行信息的整理分析。聚类群簇分析需要使用专业的群簇分析算法知识，所以一般采用专业分析工具，如EZSORT或者Optimal Workshop在线卡片分类工具（图3.7），它们可以提供专业的卡片聚类群簇分析功能。

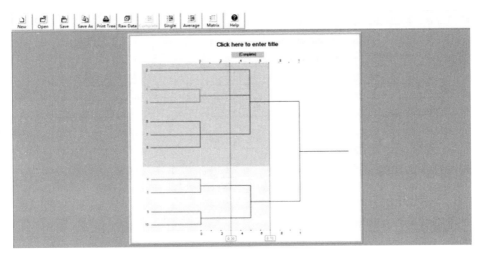

图3.7　EZSORT卡片分析工具

第二类：从上至下分类体系

这种体系通常应用于ToB的产品，分为浅而广和浅而窄、深而广和深而窄两大类（图3.8）。浅而广和浅而窄的类型，属于较为顺畅的架构方式。通过这种方式，用户不需要过多思考就可以较直接地获取信息。深而广和深而窄的类型，属于带有障碍的架构方式。其特点是用户要经过一定的步骤和流程才能获取信息。比如我们去饭店点菜、去商场买衣服，做这类日常生活中常见的事，用户希望过程简短、不用过多地思考。根据用户的实际需求，这类任务就要采取比较顺畅的架构方式。相反，如果在电脑上玩一个大型的网络游戏，为了让用户获得更丰富的游戏体验，就要把游戏设计得有难度。这时就要采取带有障碍的架构方式。如果大型网络游戏采用顺畅的架构方式，那么游戏就会变得毫无挑战难度，也就失去了它的乐趣。因此，采用哪种架构方式是根据用户完成某个任务的实际需求来决定的。

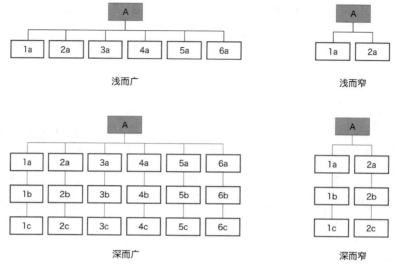

图3.8 从上至下分类体系

第三类：超文本分类体系

超文本分类体系是一种非线性的方式，不是主要的组织方式，只是弥补自下而上和自上而下两种方式不足的一种辅助方式，用来建立非同类或非同级信息元之间的关联，为组织结构创造更多的可能性，并提供更强的灵活性（图3.9）。

采用一种或多种分类方式，会分别输出对应的分类结果，包括层级结构、自然结构、矩形结构和线性结构几种类型。

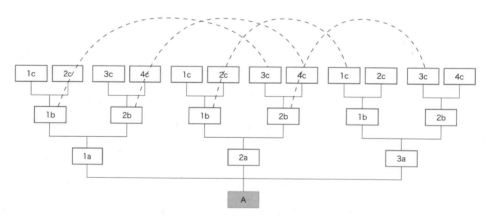

图3.9 超文本分类体系

- 层级结构：这种结构是最常用的结构，几乎所有产品的主结构都是层级结构。层级结构可以视为一种父子级关系，一个父级可以有多个子级，子级还有它的子级，直至包含所有信息。层级结构的方式以从上至下或从下至上为主。

- 自然结构：自然结构没有太强烈的分类概念，通常用于探索行为。比如访问A和B之后，系统都推荐C，那么到达结果C可以有两种路径，分别是A和B。

- 矩形结构：它的信息来源路径有多种，但与自然结构不同的是，矩形结构更具规律性。它的每一条来源路径有固定的操作，而非自然结构那样不可控。如用户可以通过形状或者颜色等不同条件找到产品，即矩形结构可以同时满足多种不同的用户需求。

- 线性结构：这是一种单一的路径，用户不能任意跳转，只能一步一步按顺序找到需要的信息。

2．标签系统

确定组织系统之后，标签系统要根据组织系统进行命名，通常遵循以下几个原则：

- 惯例命名原则。按照惯例命名是标签系统的首要原则，很多标签已经成为固定模板，如首页、搜索、登录、关于，等等。

- 标签一致性原则。标签一致可以减少用户理解和学习系统花费的精力，快速理解其背后的操作和信息。

- 专业性原则。专业性强的产品需要使用专业术语来命名，而在描述一般的产品时，应尽量使用用户容易理解的表述。

（三）信息检索

信息检索主要包括导航系统和搜索系统。导航系统分为嵌入式导航系统和辅助式导航系统。嵌入式导航系统包括全站导航、区域导航和情景式导航；辅助式导航系统包括网站地图、索引、指南等。搜索系统是依靠搜索关键词获取信息的系统。功能越多的产品，架构越复杂，用户往往不能通过导航在第一时间找到需要的信息，而搜索系统可以帮助用户更快获取信息。搜索的内容应该是核心信息，是产品主要想表达的信息，也是用户经常查看的信息。

综上所述，信息架构的设计有两种方式：一种是对信息本身的处理，即将信息按照某种方式组织结构，然后给各节点命名；另一种是对信息的检索，用户通过导航或搜索可以找到信息。组织系统是信息架构最核心的部分，将决定标签是否容易理解，并影响导航路径和信息检索的效率。因此设计师在设计信息架构时，要将关注更多放在组织系统上。

在设计信息架构时要遵循以下几个原则：

第一，信息架构的设计与产品目标和用户需求必须一致。

第二，信息架构应具有延展性，添加初始信息时尽量不破坏原有的组织结构。

第三，保证分类依据的一致性、相关性和独立性，尽量避免初始信息分类模糊。

第四，有效平衡信息架构的"广度"和"深度"，根据需求选择合适的组织结构。

第五，从用户视角出发，表述上尽量避免歧义。

（四）信息架构图

信息架构图以层级结构图为基础，从顶级节点到每一个信息的路径为导航路径，最上层的父级节点可以作为导航标签的参考，同时在图中标出用于搜索的信息。在设计框架层时，页面信息可能会反向影响结构层，所以信息架构图会有一定程度的变化，最终得出基于页面的信息架构图（图3.10）。

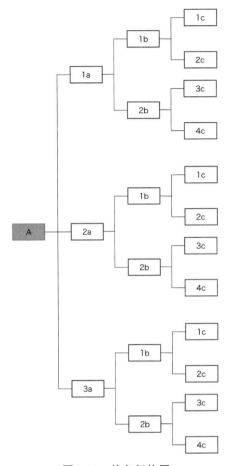

图3.10 信息架构图

? 练习题

1.选择一款同时有电脑端和手机端的平台,分析两个的信息架构,比较电脑端与手机端信息架构的差异,并分析出现差异的原因。

2.选择三款功能类似的产品,分析三者的信息架构,并比较三者的异同,思考造成差异的原因。

第四章 原型设计

本章要点

1.理解原型在界面设计工作中的作用,以及设计多个原型对于提高设计质量的意义。

2.掌握故事板、纸上原型和视频原型的制作方法。

一、原型

(一) 原型的定义和作用

界面设计师的工作无法一蹴而就,随着设计的推进,萦绕在设计师脑海中的模糊的界面逐渐变得清晰而具体。在这个过程中,设计师需要用一种低成本、简单、快速的技术将自己的想法变为现实,原型就是这样一种技术。原型是方法、策略,是快速创建一种接近设计灵感的技术。它可以是纸上原型,也可以是物理实体(图4.1)。不管是哪种形式,原型都能够快速用于测试并获得反馈。原型可以用来测试界面操作的感觉,让设计师发现其中的问题并进行修改,提高界面设计的质量。

图4.1 波音飞机机舱原型

原型既有和成品一致的地方,也有不同的地方。以柯达数码相机原型为例(图4.2),它能够浏览照片,对相机参数和设置进行修改,其界面和交互

图4.2 柯达数码相机原型

设计与成品没有太大区别(图4.3)。虽然这个相机原型没法进行拍摄,外观、尺寸、颜色、材质与成品的差异很大,但对于设计师来说,它已经能满足界面设计工作的需要了。

原型并不是艺术品,不用尽善尽美。

图4.3 柯达数码相机上市产品

原型只要将设计师零散的想法体现出来，以便设计师在此基础上不断改进，并和同事、用户进行沟通即可。原型是未完成的，设计师用原型去处理那些不可预测的事情，包括知道的不知道（Know Unknows）和无意识的不知道（Unknow Unknows）。原型是容易修改和不断迭代的。它可以是画在纸上的图画，也可以是拍摄的视频，甚至是其他一切可以说明问题的东西。杰夫·霍金斯（Jeff Hawkins）设计PDA时，经常随身携带一块木块。他不时将木块拿出来比画，并根据需要改变木块大小，通过调整木块原型尝试不同大小的产品的真实手感。

（二）原型工具的选择

　　保真度越高的原型需要投入的时间、精力成本越高，项目不同阶段对原型的保真度要求也不同，因此根据项目所处阶段选择适合的原型工具很重要（图4.4）。界面设计初始阶段无须使用高保真度和太耗时的工具，因为此时界面迭代频繁，使用高保真度原型工具会浪费过多的精力。原型在经过多轮迭代和用户测试后，进入后台开发交互界面阶段再使用高保真度工具不迟。选择合适的工具能帮助设计师聚焦于不同阶段应该关注的问题。设计师在界面设计中最容易犯的错误之一就是先关注图形界面，再关注界面任务。而使用合适的原型工具能让设计师一开始便将精力放在满足用户需求上，而不是放在图形界面的视觉设计上。

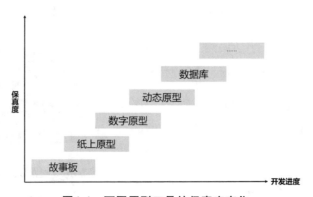

图4.4　不同原型工具的保真度变化

（三）多样化原型设计的必要性

同时探索多个原型设计方案有很大的价值，虽然人们习惯于坚持最初的想法，但最初的想法通常并不完美。美国斯坦福大学博士史蒂文·道（Steven Dow）做过一项研究，探索是在设计过程中追求质量并尝试提出最佳设计更有意义，还是在设计过程中尽可能多地提出设计方案更有意义。他在一位美术老师的陶艺课堂上进行实验，将全班同学平均分为两组，告诉第一组"最终的成绩将根据学生创作的作品质量进行评分"，告诉第二组"最终的成绩将根据学生创作的作品数量进行评分"。实验结果证明，第二组很快开始工作，而且工作效率很高，学生在大量工作中反复试错，从错误中吸取教训。与此同时，第一组一直围绕理论进行研究，最终结果停留在宏大的理论和一堆僵硬的泥土上，学生的努力并没有得到好的结果。

斯坦福大学的斯科特·克莱默（Scott Klemmer）教授和史蒂文·道博士推荐在设计过程中使用并行原型设计方法。他们以网络图形广告设计为任务，将学生平均分成两组。第一组从头到尾线性迭代6个不同的原型；第二组在并行条件下创建3个方案，测试方案获取反馈，再迭代创建2个方案，测试方案获取反馈，最后做出原型（图4.5）。

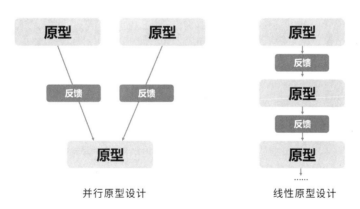

并行原型设计　　　　　　　　线性原型设计

图4.5　并行原型设计和线性原型设计原理图

研究组将学生完成的网络图形广告投放到网页上,两组作品的投放时间、反馈量完全相同,但点击率、访问者停留时间和专家评分都体现出不同设计方法带来的差异(图4.6)。总体而言,并行原型设计作品点击率比线性原型设计作品的点击率高。不仅如此,点击这些广告然后访问该网站的人在页面上停留的时间更长,这说明用并行原型设计方法设计的广告更吸引人。专家对这两种广告的质量进行评估,认为并行原型设计的广告更好。

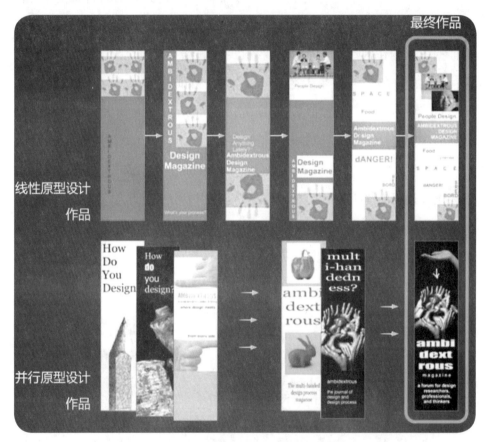

图4.6 两种原型设计方法做出的网页广告对比

为什么并行原型设计可以有更好的结果呢?因为创建多个原型方案后,设计师会比较这些方案,在比较中得到启发。并行原型设计创建多个方案的重要作用之一就是将设计师的自我与所做的事情分开。如果设计师只有一个界面设计方案，那么当其他人批评该方案时，设计师会倾向于将反馈结果和自身能力画等号；如果设计师有多个不同的方案，当其中个别方案受到质疑时，设计师会倾向于将其当作对设计方案的反馈，而不是对自身能力的否定。

史蒂文·道博士让学生用三种方式共享设计方案：（1）创建和共享多个设计方案；（2）创建多个但只共享自己觉得最好的设计方案；（3）创建和共享一个设计方案。研究表明，创建和共享多个设计方案的结果远远优于其他两种情况，所以创建和共享多个设计方案对团队而言尤其重要，这不仅有益于设计出更好的作品，而且能够在方案推进过程中使团队更加融洽。另外，与用户共享多个设计方案能为用户提供更多的沟通词汇（Vocabulary），因为用户并不清楚有多少种设计形式，以及如何描述自己想要的形式。当设计师将潜在的多种选择呈现出来时，用户就能更准确地描述自己的想法，这可以让用户与产品之间的交互更加高效。

二、故事板

故事板最早是迪士尼动画公司在创作动画片的过程中使用的技术，动画艺术家将镜头逐张画在草图上，并将这些草图按故事叙述顺序贴在墙上或白板上，方便自由讨论和调整顺序，由此形成故事板的雏形。之后这种方法被引入人机界面设计中，但人机界面设计中的故事板与影视创作中的故事板的侧重点不同。影视创作中的故事板侧重于探索剧情的视觉化叙述，在呈现剧情的基础上还要考虑镜头间的衔接、景别等视觉效果的呈现。而人机界面设计中的故事板侧重于梳理流程、验证理念和沟通交流，无须考虑景别等视觉效果。设计师通过用户调研掌握用户的需求和目标，用故事板梳理和分析界面要完成的任务，展示目标用户和使用流程与环境，为下一步工作提供讨论的内容（图4.7）。故事板可形象地展示用户与产品交互的步骤，比枯燥的文字描述更具可读性与趣味性，能引起广泛的讨论。故事板能增强设计师的参与感和带入感，让设计师产生同理心。绘制故事板是设计师以用户为中心进行设计的关键步骤之一。

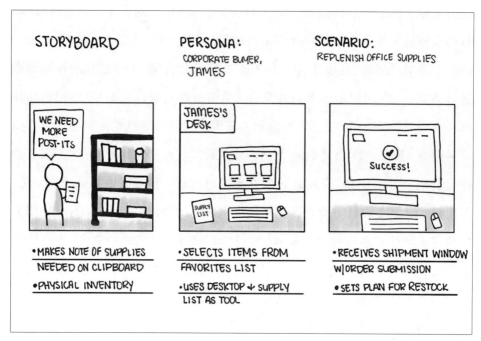

图4.7　故事板案例

（一）故事板内容

故事板要展示用户为什么会完整地使用你设计的产品，它满足了用户什么需求，即故事板要交代目标用户、用户目标和用户使用情境。故事板中的角色来源于在用户调研基础上归纳出的角色，设计师可以用同理心地图（Empathy Map）（图4.8、图4.9）来共情用户。同理心地图是对用户心理的假设，思考用户的所看、所听、所想、所说、所做，从而理解用户的需求。故事板要清晰地展示用户使用产品的步骤，把用户在使用过程中的一些动作用视觉化的效果呈现出来。

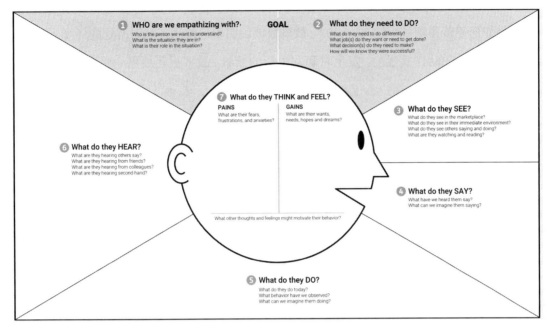

图4.8　戴夫·格雷（Dave Gray）提出的同理心地图

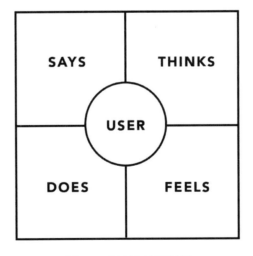

图4.9　同理心地图模板

　　故事板要阐明用户目标,如清晰地展示"我要买一台电视",还要展示用户是如何逐步实现目标的(图4.10)。故事板要说明用户使用产品时所处的环境,展示用户的动作发生前、发生时和发生后的场景。故事板还要展示情节,因为目标产品出现后,用户不仅心理可能发生变化甚至反转,而且情绪可能受到影响,所以故事板需要表现出用户在使用产品前后的情绪变化。

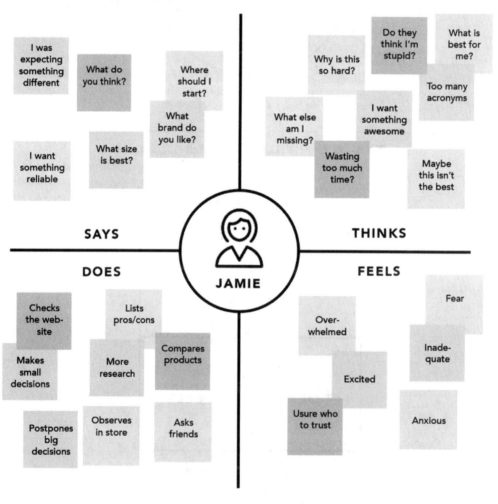

图4.10　同理心地图完成案例(买电视)

（二）绘制故事板的步骤

首先，讨论用户的操作顺序和步骤。设计团队的每个成员都可以参与到故事板的绘制中来，每个人都可以将步骤画在便笺上，再将便笺贴在白板或墙上（图4.11）。讨论和绘画以小组为单位进行，一次只关注一个步骤，以保持讨论的统一性。讨论成员不局限于界面设计师，因为每个人的关注点可能不一样。负责运营的成员可能会想到设计师没有注意到的步骤，例如优惠券的触发。成员可通过重新排列便笺来灵活地更改事件顺序，无须重新绘制整个故事板。如果设计师在用户调研时采集了照片或视频，也可以使用照片或视频截图制作故事板，这样可以省去画图的时间，同时增加故事板的真实性。便笺内容还可以混合照片和手绘。总之，设计团队应选择熟悉和高效的形式来展示内容。

图4.11　使用便笺创作故事板

其次，设定用户角色和场景。场景应该是特定的，并且对应单个用户路径，只有这样故事板才不会分成多个方向，显得复杂和混乱。对于复杂的多路径场景，也要保持一对一讨论分析的原则，即将用户采用的每一条路径编成一个故事板，最终得到多个故事板，每个故事板叙述的是不同的用户路径。

　　然后，确定绘制故事板的步骤。设计师在动手绘制故事板之前，先撰写文字故事板，包括故事的背景、触发因素、用户角色在这个过程中所做的决定，以及最终的结果（图4.12）。根据步骤将文字故事板分解成若干片段，用箭头交代故事的推进过程。接下来，将情绪状态图标添加到每个步骤当中。（图4.13）

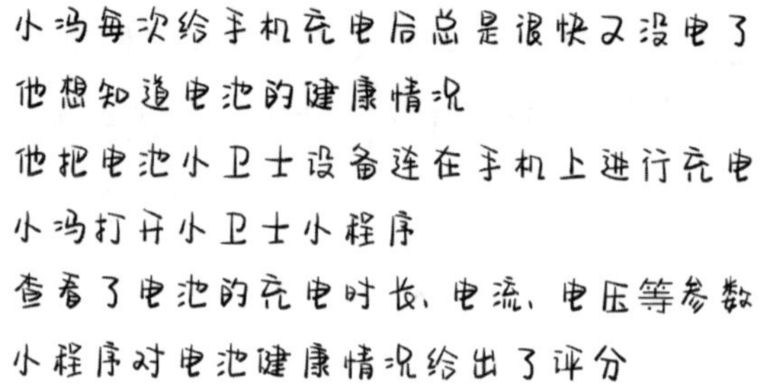

小冯每次给手机充电后总是很快又没电了
他想知道电池的健康情况
他把电池小卫士设备连在手机上进行充电
小冯打开小卫士小程序
查看了电池的充电时长、电流、电压等参数
小程序对电池健康情况给出了评分

图4.12　故事板文字脚本

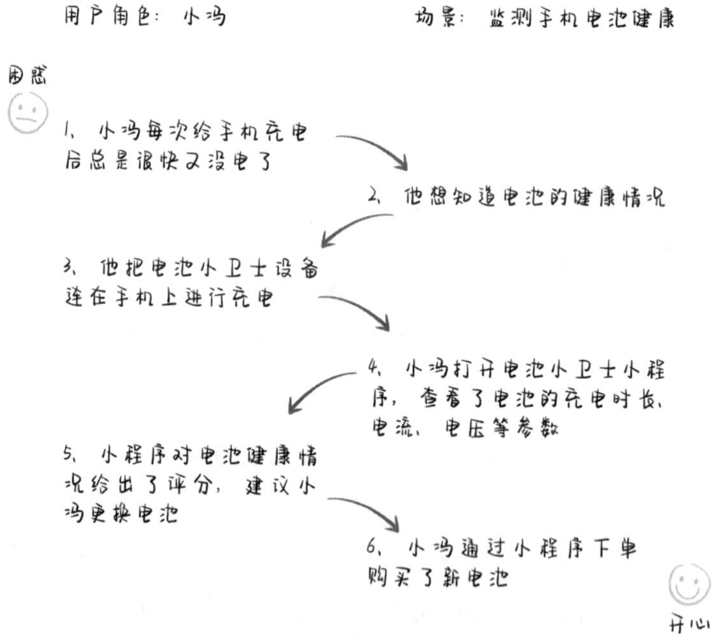

用户角色：小冯　　　　　　　　场景：监测手机电池健康

困惑

1. 小冯每次给手机充电后总是很快又没电了

2. 他想知道电池的健康情况

3. 他把电池小卫士设备连在手机上进行充电

4. 小冯打开电池小卫士小程序，查看了电池的充电时长、电流、电压等参数

5. 小程序对电池健康情况给出了评分，建议小冯更换电池

6. 小冯通过小程序下单购买了新电池

开心

图4.13　为文字故事板添加箭头和情绪状态图标

最后，画出每个步骤并添加标题。绘画使用简笔画的方式，能表达内容即可。之后在图画下方添加简短的文字介绍，以补充描述图画，还可在画面中加入叙述者的旁白。故事板中的角色语言和思想活动可用话圈和思想泡泡来呈现（图4.14）。

图4.14 故事板旁白、对话和思想活动的处理

为确保故事板的观看者对故事没有任何疑问，设计师还要处理好故事的结局（图4.15）。故事板完成后，要及时把它分发给参与讨论的成员或其他利

图4.15 故事板的结局处理

益相关者,以寻求反馈,再根据反馈对故事板进行修改。故事板可以采用多种方式进行绘制,如Story Boarder、Photoshop、Procreate等。无论选择哪种方式,对设计师来说都要易于修改。

为了让故事板发挥更大的价值,设计师要注意以下几点:

第一,故事板要有较强的可读性,画面干净、文字清晰,让人愿意阅读。故事板要有自解释性,观看者可以独立阅读,不需要设计师现场解说。

第二,故事板内容具有真实性,用户角色、用户目标以及他们的经历符合逻辑和情理。设计师只有保证故事板描述的是真实的环境和真实的人,观看者才能产生共情。

第三,故事板中涉及的界面不需要高保真,界面内容应围绕用户在使用产品过程中的主要步骤展开,布局、视觉风格、文字措辞为次要考虑的内容(图4.16)。

图4.16　故事板中的界面应注重其功能性

绘制故事板不用过多追求画面的艺术效果,避免将太多的精力放在画面的细节上,而要尽可能清楚地描述用户目标以及他们的经历。初学者经常因为担心手绘能力不够而不敢创作故事板，但请记住：故事板主要是用来交流想法的，所以不用太担心画面的精美程度。斯坦福大学比尔·维普兰克（Bill Verplank）教授指导学生用"星星人（Starman）"画故事板，星星人造型简单，方便绘图者根据情节需要用其表现任何动态（图4.17）。如果画面中的主要人物需要和其他人进行区别，可以给主要人物添加颜色和标记。

图4.17　用星星人绘制的故事板

三、纸上原型

制作纸上原型是界面设计师在正式设计界面之前，在纸上绘制界面和模拟交互的一种方法，相比用图形软件模拟界面，再由程序员将图形资源加入程序中并添加交互代码这种高成本的工作方式，纸上原型成本更低，开发周期更短，且易于迭代。它是界面设计初期用来检测设计理念是否可行、尽快获得真实用户及专家关于界面设计反馈的重要方式之一（图4.18）。在模拟使用时，设计师可代替电脑对用户的操作给出反应。这种简易的操作模式让纸上原型比其他计算机图形界面原型应用更广、构建更快、修改更方便。但由于其精度较低（低保真），因此它更适合用于流程、框架和产品基本功能的设计。

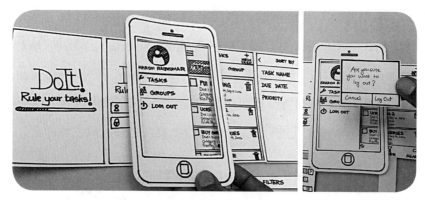

图4.18　纸上原型

（一）制作纸上原型

制作纸上原型所需的材料很简单，基础的工具包括纸和笔，如有需要还可添加便利贴、剪刀、胶棒、马克笔、铅笔、橡皮、硫酸纸，等等。这些材料不是每次都会全部使用，设计师应根据实际工作需要添加或减少。虽然制作纸上原型的工具很简单，但只要灵活使用这些材料，就可以获得丰富的设计灵感（图4.19）。如界面上有图层，可以使用硫酸纸表现图层；如界面上有弹出式菜单，可以用便利贴来模拟菜单；如模拟可重复的用户输入界面，可以用单独的纸片模拟输入框，用户输入完成之后将其取走；如模拟选项卡，可以将纸张叠起来粘贴上去。制作纸上原型，提高工作效率很重要，能帮助设计师高效、快速设计的工具和方法都可以采用。如使用记号笔、钢笔、铅笔、马克笔将元素涂上颜色，使用不同粗细的线条表现界面结构——主要元素使用较粗的线，次要元素使用较细的线。设计师还可以像做拼贴画一样制作纸上原型，并手绘一些界面元素，如果不方便手绘或者需要尺寸相对精确的元素，可以用电脑设计后打印出来（重复使用率高的元素可以批量打印），在此基础上进行绘图设计（4.20）。

图4.19 运用各种材料制作纸上原型

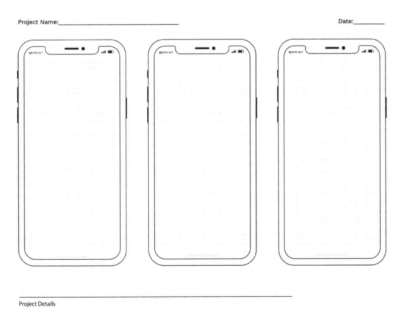

图4.20 手机界面框架

纸上原型也可以模拟复杂交互的情况,方法是使用框架将界面小部件放入其中,模拟在设备上添加元素,一些不易模拟的情况可以用文字进行说明。

（二）纸上原型的优点与缺点

绘制纸上原型节省时间。对于大多数人来说，在纸上手绘比在计算机上使用绘图软件容易。纸上的界面方便修改，有很好的可塑性。设计师可以随时随地在纸上完善想法，不需要其他成员的配合也能快速做出多个方案。纸上原型侧重探索界面和流程，不刻意关注界面上的细节，绘制时不受尺寸、字体、颜色等细节干扰，但使用软件绘图时却必须考虑这些问题，无形中要花费更多的时间和精力。若方案需要修改或放弃，这些时间就浪费了。纸上原型可以减少沟通对象在与主题不相关的细节上的挑剔，让讨论更集中，从而获得更有意义的反馈。

纸上原型便于沟通，每个团队成员都可以参与其中。用纸上原型进行用户测试时，甚至可以把笔交给用户，让他们修改，以完善界面的设计。用户在使用过程中发现有什么问题，可以马上写在纸上予以反馈。涉及用户界面设计的任何人，都可以参与到纸上原型的改进中来。设计师可以将他们的想法融入系统中，让更多人在设计过程中发挥积极的作用。

当然，纸上原型也有一些弊端，如保存不方便。制作纸上原型要在墙上铺满纸张和各种元素，这比在计算机中存储一个电子文件麻烦。一般来说，要保存阶段性方案可用相机拍照存档，这种电子原型存档后可以在需要时继续修改使用，而纸上原型很难重复利用。

制作纸上原型的下一步就是制作数字模型（Digital Mockup），数字模型通常都要求高保真，因此需要花费较多的时间和精力制作，每个元素的像素、尺寸都要准确。

随着原型从故事板、纸上原型到数字模型，保真度逐渐提高，可以支持设计师做更加严谨的用户测试和专家评估，以获得更多科学、有效的反馈（图4.21）。

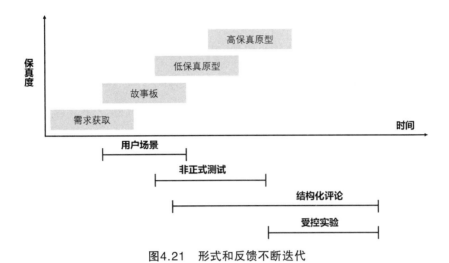

图4.21　形式和反馈不断迭代

四、视频原型

设计中很重要的一点是确保所有的元素，如功能、界面元素、信息架构和可视化设计等，能和谐地结合起来，为用户服务。许多优秀的系统都体现了这种统一性，但要达到这种和谐并不容易，因为在设计过程中，设计师很容易被细节分散关注点。为了确保统一性，一个有效的方法是创建视频原型，以展示设计师构思的系统。视频原型能更好地帮助设计师将界面设计的构想与实际的用户任务联系在一起，确定界面的优先级，确保界面涵盖了用户完成任务需要的所有元素。设计师在开发过程中可以在界面上添加各种功能，如果通过视频原型发现这些功能不能帮助人们实现目标，最好将其省略。

视频原型制作成本低，沟通效率高，比起真实可交互的原型或者其他电子化的界面原型，视频原型展示用户界面设计方案的制作周期更短。视频原型是一个很好的沟通工具，由于它是独立的视频，是对设计者思想的充分阐释，任何人都可以随时调用并查看，不像纸上原型那样可能需要设计师讲解和说明。视频原型比长篇文档更加生动，是展示界面使用情景的方式之一。

通过视频原型，设计团队能迅速了解信息并达成共识。

在整个设计生命周期的各个阶段，设计师都可以使用视频原型。视频原型一开始可以作为集思广益的辅助工具，因为制作它们只需要一两个小时。

制作视频原型的第一步是撰写拍摄大纲，规划视频原型要展示的内容以及任务将如何执行。视频原型的内容像故事板一样，要确保展示完整，包括前期动机和最后结果。视频原型要对设计师发现的任务进行详细说明，并展示产品/系统如何执行这些任务。丽莎·希曼（Lisa Seaman）在研究智能能源监控系统时所做的视频原型就是一个很好的案例。

视频原型案例

艾比·丁肯斯皮尔（Abby Dinkenspiel）是斯坦福大学的经济学教授，她很在意自己的能源使用。她每个月都会收到能源账单，但是很少有关于哪些活动或设备消耗能源较多的信息，她想找出哪些活动和设备消耗能源较多并尽可能对此加以调整。

通过家庭监控系统，艾比能够查看每个家用电器的用电量，还可以单独定位目标房间，例如书房、浴室、卧室和客厅，以查看每个房间消耗的能量。

艾比可以远程查看她的家庭监控系统。比如通过网络检查节能进度，还可以通过智能手机控制家中的设备，以防忘记关灯或关空调。经过同意后，艾比可以访问邻居的能源消耗数据，并将自家的能源消耗与邻居的数据进行比较。通过智能能源系统排名，艾比可以邀请朋友、同事、网友通过积极竞争的方式互相激励，一起节约能源。

制作视频原型的第二步是拍摄。设计师可以用简单的工具进行拍摄，如带有摄像功能的手机就可以满足视频原型的拍摄需要。如有需要，设计师也可选用高级的设备进行拍摄，如专业的摄像机。拍摄时展示的界面可以用纸上原型或数字原型，也可以不呈现具体界面。如构建一个绘图软件的界面，演示用户在平板电脑上工作，不展示屏幕上的具体内容，这样处理可以促使观看者思考什么样的界面才能更好地支持用户完成工作。

　　制作视频原型的第三步是后期剪辑。设计师不要花太多时间在视频原型的后期剪辑上，手机视频剪辑软件就可以满足制作视频原型的需要。设计师要尽可能少地进行后期剪辑，以节省后期制作的时间成本。若有需要，可为视频加上配音和字幕。

❓ **练习题**

　　1.自拟界面项目，使用故事板探索界面的使用场景。

　　2.自拟界面项目，绘制纸上原型界面。

　　3.自拟界面项目，撰写视频原型大纲，并拍摄视频原型。

第五章

界面测试

本章要点

掌握启发式评估和可用性测试的步骤与执行要点。

　　界面是否能支持用户完成目标和任务要通过原型来检验。启发式评估和可用性测试是常用的界面测试方法。测试原型随着项目进入不同阶段由低精度向高精度迭代。随着界面原型精度的提高,测试的结果也将变得更加精确。

一、启发式评估

　　"启发式评估是指安排一组专业评估人员检查界面,并判断其是否与公认的可用性原则相符。"启发式评估是由雅各布·尼尔森(Jakob Nielsen)及其同事提出的。它的目标是发现设计中的问题,基本思想是设计团队中除设计师以外的人或外部设计专家,依据一系列启发式评估原理查找设计中的具体问题。每名专家独立操作完成任务以查找其中的错误。不同的专家会发现不同的问题,专家们只在最后阶段针对他们发现的问题进行交流,这种"独立先行,事后收集"的方式可以集中更多人的智慧。专家根据他们的专业知识或评估准则直接向界面设计师提供反馈,这种测试具有高效、低成本的优点,能够帮助整个设计进行最后的打磨,消除细节上的瑕疵。在招募真实用户测试之前进行启发式评估,可以在用户身上发掘不一样的东西,避免浪费时间在一些简单的问题上。在重新设计产品界面时,启发式评估能提供丰富的定性反馈,帮助设计师评估应该保留哪些部分,哪些部分有问题需要重新设计。界面设计需要团队协作,合理地设置评估结构有利于获得有效的反馈。

构成启发式评估的两大要素是评估者和评估原则。评估者可以是其他设计师、用户研究员、用户体验设计师,评估者如果能同时具有专业知识和产品行业相关知识更佳。启发式评估通常有多位参与者。图5.1为雅各布·尼尔森设计的启发式评估工作结果统计图,每个黑色正方形都是评估者发现的错误,评估者一人一行(图中有19位评估者),列出代表问题,右侧的问题为简单问题,左侧的问题为困难问题。通过图片可以发现,没有评估者能发现所有问题,汇总多个评估者的发现,可以更全面地呈现问题。

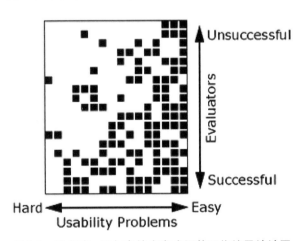

图5.1 雅各布·尼尔森的启发式评估工作结果统计图

那是不是评估者越多越好呢?越多的评估者参与评估,的确会发现更多问题,但当评估者达到一定数量后,从成本效益的角度来看,并不划算(图

5.2）。那么这条曲线的峰值在哪里？这取决于项目的预算、时间等因素。雅各布·尼尔森的经验是招募3—5位评估者，可以非常经济有效地发现问题。以5位评估者为例，他们能在成本有限的情况下带来相对全面的评估反馈，每个评估者平均可以发现35%的可用性问题，5位评估者可以发现约75%的可用性问题。

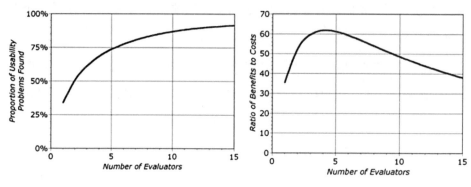

图5.2　用户数与效果曲线图

评估原则主要有尼尔森十原则、尼尔森首页可用性指南、八项黄金法则、HHS网页设计与可用性指南、iSO9241、尼尔森拓展原则等。有的公司和团队也会在实际工作中总结一些经验性标准，并将其加入评估标准中。使用评估标准时可以根据项目具体情况增加或删减，注意整个评估过程中采用的标准要统一，所有评估者使用的评估标准要一致。

启发式评估成本低、效率高，能发现大多数可用性问题，但相对主观，不能代表真实用户，对评估者的专业知识要求较高，适合在时间、资源有限的情况下快速发现问题，降低风险成本，也适合版本变动不大时进行小成本检验，同时还能作为可用性测试的前测。将启发式评估与可用性测试进行比较，可以发现启发式评估通常效率更高，评估者只需要一两个小时就能完成测试，而可用性测试往往需要花费更长的时间。启发式评估结果具有预见性，因为评估者会直接指出要解决的问题，这样可以节省从可用性测试中推断出问题或得出解决方案的时间。

启发式评估的执行过程如下：

（一）准备

首先，设计师进行启发式评估要根据项目具体情况确定评估范围，既可以评估整个项目，也可以有针对性地评估某些项目局部，如首页改版。

其次，设计师为评估者提供项目相关的背景信息，如用户类型、用户场景、主要任务、主要竞品等，评估者需要对设计师前期做的调研有所了解。通过了解这些信息，评估者能更好地进行评估。

设计任务要求设计师根据评估目的确定评估重点，可以设定几个典型人物的任务流程，也可以按页面层级进行评估或者对一些极限值进行评估。

然后，设计师根据评估目的和产品特性选择评估原则。对经验没有那么丰富的评估者来说，评估原则能成为非常好的评估框架。除了经典的尼尔森十原则外，还有一些其他评估标准。但这些标准并不适合每个项目，设计师需要根据项目的特点进行增加或删减。

接下来需要邀请评估者，评估者通常是从公司内部邀请的其他项目设计师、用户研究员，也可以从外部邀请。不用设计师本人是因为他对项目过于熟悉不太容易发现错误。

最后，设计师需要在正式评估前准备好评估材料，包括评估说明、项目研究材料（用户研究报告、竞品分析报告）、评分表等。评分表应根据项目实际情况调整条目的权重（图5.3）。评估者可根据项目所处的阶段选择低保真或高保真原型。测试前，设计师要准备好这些原型，还要提前布置好测试环境。如果测试原型是线上版本，需提前准备好链接、账号和密码等。

通用启发式评估评分表　编号：	0　我完全不同意这是一个可用性问题 1　仅外观问题：除非项目有额外时间，否则无须修复 2　次要的可用性问题：修复此问题的优先级较低 3　主要可用性问题：重要修复，应给予高度优先 4　重大可用性问题：必须在产品发布之前解决此问题	
评估人：　　　　　设备： 日期：　　　　　浏览器/系统： 网站/App：　　　　任务：		

		问题	建议
1、	**系统状态可见性** 系统应该在适当的时间内作出适当的反馈，告知用户当前的系统状态。 0　　1　　2　　3　　4		
2、	**匹配系统与真实世界（环境贴切）** 产品应该使用用户的语言，使用用户熟悉的词、短语、概念，还应该符合真实世界的使用习惯。 0　　1　　2　　3　　4		
3、	**用户的控制性和自由度** 用户经常会在使用功能的时候发生误操作，这时需要一个非常明确的"紧急出口"来帮助他们从当时的情境中恢复过来，需要支持取消和重做。		
4、	**一致性和标准化** 同一产品内，产品的信息架构导航、功能名称内容、信息的视觉呈现、操作行为、交互方式等保持一致，产品和通用的业界标准一致。 0　　1　　2　　3　　4		
5、	**错误预防** 在用户选择动作发生之前，就要防止用户进行错误的选择。 0　　1　　2　　3　　4		
6、	**识别比记忆好** 尽量减少用户需要记忆的事情和行动，提供可选项让用户确认信息。 0　　1　　2　　3　　4		
7、	**具备灵活且高效** 系统需要同时适用于经验丰富和缺乏经验的用户。 0　　1　　2　　3　　4		
8、	**美观而简洁的设计** 界面中不应该包含无关紧要的信息，设计需要简洁明了，每个多余的信息都会分散用户对有用信息的注意力。 0　　1　　2　　3　　4		
9、	**帮助用户识别、诊断，并从错误中恢复** 当系统能够帮助用户自动甄别错误，并及时进行修正，将给用户带来极大的便利。 0　　1　　2　　3　　4		
10	**帮助使用手册** 提供帮助信息，帮助信息应当易于查找，聚焦于用户的使用任务，列出使用步骤，并且信息量不能过大。 0　　1　　2　　3　　4		

图5.3　启发式评估的评分表

（二）执行

评估者根据评估任务，结合评估标准查找每个任务，记录评估过程中发现的问题和简单的评估依据等。需要注意的是，此处只要记录问题，而不用找到解决办法。

评估者通常需要进行多次评估，因为每一次都可能发现新的问题。第一次评估可体验新用户第一次接触界面时的操作流程。如评估某个火车售票机界面时会发现，用户可能根本不希望向系统提供任何个人信息，因为人们通常更愿意在没有任何先验信息的情况下使用售票机。第二次评估可以发现更多的细节问题。如果用户要使用专业性较强的界面或专家用户界面，那么评估者也应像真实用户一样进行培训。评估者在浏览界面时，可能会发现一系列非常具体的问题。这些问题很重要，评估者需要通过启发式评估的方法分析这些问题。

建议评估者分开做评估，因为这样每个人都可以有充足独立思考的空间。评估者通常会花一两个小时进行评估。如果评估项目有大量的对话元素或界面非常复杂，可能需要更长时间。设计师最好将评估拆分为几个较短的会话，每个会话都集中在界面的一部分。

评估者可以完成一份书面报告作为评估结果提交，也可以在试用界面时将意见口头传达给观察者。书面报告的优势在于提供正式的评估记录，但需要设计师付出额外的精力去阅读和汇总。另外，虽然使用观察者会增加评估的开销，但可减少设计师的工作量，快速获得评估结果。因为只需要观察者一个人整理结果，不需要阅读一组专家编写的报告。观察者可以帮助评估者在界面出现问题（如原型不稳定）时调整操作，如果评估者的相关行业背景知识有限，经过培训的观察者可以帮助其解释界面某些方面的信息。

（三）分析

如果条件允许，设计师可以在整个评估活动结束后组织一次讨论会，让评估者分享自己发现的问题，与其他人讨论优化解决方案。召开讨论会是集思广益的好方法，可以将所有相关者都请到会议室，共同讨论用户界面的问题和定性反馈，并就如何解决这些问题提出改进建议。

　　为了最大程度地向设计团队传达评估结果，设计师可以分开列出每一个问题，以便对其进行有效处理。分开列出问题可以避免列出相同或类似的问题。如"不清楚某个按钮名称的意思""某个按钮的名称令人困惑"。设计师将问题汇总，并从以下四个维度要求评估者进行打分：（1）该问题可能影响的用户数量；（2）该问题可能发生的频率；（3）用户是否能比较容易地解决该问题；（4）用户遇到该问题时的想法。这样，每个评估者都能看到包括自己发现的问题在内的所有问题。

　　设计师在完成上述任务之后应形成一个总结性报告，如问题清单，把问题界面截图放到问题清单里可以让这些问题更加直观；可以用Excel表格和Word文档进行记录，其中表格的形式更方便后期追踪记录；如果需要与团队的其他成员进行沟通，可根据需要制作沟通用的演示文稿。

二、可用性测试

　　可用性测试是通过观察代表性用户完成典型任务的过程，找出产品的可用性问题，并探索解决问题的方法，目的是改进产品。可用性测试在项目不同阶段均可以使用。在界面设计过程中，设计师会有一些不确定的地方，如不太了解用户会怎样理解和操作界面，以及设计是否能满足用户的期望。可用性测试可以帮助设计师更好地理解用户的行为习惯和认知模式。可用性测试可以用于小样本测试，以发现问题为主，具有快速、简易的优点，互联网公司常用小样本测试；它也可以用于大样本测试，30人以上一般可算作大样本，定量评估、对比评估常用大样本测试。

　　可用性测试的评估标准通常包括有效性、效率和用户满意度：有效性指用户完成特定任务或实现特定目标时的准确度和完整度；效率指用户完成特定任务或实现特定目标时的准确度和完整度与所用资源（如时间）之间的比率；用户满意度指用户对产品本身的主观满意度和接受程度。

　　测试前需要制定测试方案，方案内容通常包括测试目的、关注点、用户招募、配比、经费预算、时间计划等。有了系统的规划,可以保证测试有条不紊地展开。

可用性测试的执行过程如下:

(一)准备

测试前要做好充分的准备工作,包括环境、设备、文档、人员的准备和任务设计。

环境准备:一般的测试在普通会议室或安静无打扰的房间即可,如果测试时旁听和观察的人数较多,测试过程中又需要采集丰富又精确的数据,那么选择专业的带有单面玻璃的观察室(可用性实验室)效果更好。

设备准备:设备主要包括测试用的原型、手机、电脑或平板等。如果测试过程中涉及账号信息,需提前准备好供测试使用的账号和密码;如测试需要支付,需提前在账号里准备好虚拟货币。此外,还要准备好录音、录像设备。必要时,可以提前准备好感谢用户的礼品。当需要准备的设备较多时,最好列出物品清单,这样既能防止遗漏,也可以在下一次测试时按照清单快速做好准备。

文档准备:提前准备好主持人的欢迎词及测试项目的简介。主持人在介绍时,需说明测试目的和测试要求,提示参与者尽量出声思考。根据需要,准备好测试用的量表工具,如形容词语义量表、概念吸引力测试卡片、生活形态价值观量表等。若项目需要保密,还需准备好保密协议。

项目主持人介绍

大家好,我是×××,非常感谢您抽出宝贵的时间来参加我们的订票系统测试。测试时长约为1小时。首先您需要使用iSpace订票系统完成一次宇宙飞船往返船票的预订,然后填写用户信息反馈问卷。我们将使用iSpace订票系统的纸上原型进行测试,您的试用体验可以帮助我们发现用户在使用订票系统时可能遇到的问题。我们将改进这些问题，让用户有更好的体验。您在测试过程中可以随时说出自己的想法，有哪里不明白或者需要帮助可以随时询问我。

人员准备：主持人要提前做好功课，熟悉产品的各项功能，体验测试产品的所有功能，做到面对活跃用户时，能随时知道他们说的是什么；面对新手用户时，能随时解答他们提出的问题。观察员应提前准备好纸张或电子设备，方便快速记录。

任务设计：任务设计的核心通常围绕用户目标、用户定位、常用功能，以及对用户来说功能和功能之间有什么样的关系展开。在实验室环境测试时，给用户安排任务要赋予他们合理的动机，只有将任务融入场景，用户才会有代入感。设计任务情景包括任务的目标和想象的环境。其中，情景是前期调研得出的、符合用户真实生活的场景，不是凭空想象出来的。任务的设计要将重点放在主要任务上，从用户角度出发，不要脱离现实。除此之外，还要设计用户完成目标对应的正确路径以及测试的停止条件，用户完成目标即可结束测试。注意测试流程要符合典型用户的操作习惯，任务顺序的设置要让用户操作起来感到舒适自然。

情景设计

最近你的工作很忙，繁杂的事务让你压力倍增，父亲不小心骨折，生活上他需要你照顾，你感觉工作和生活压得你喘不过气。

任务设计

测试者完成注册登录，顺利预约，并完成一次心理咨询。

正确路径

注册登录——输入个人身份资料——选择问题类型——了解咨询师资

料——选择咨询师——输入具体问题——选择咨询时间——选择立即咨询——选择线上或是线下咨询——选择线下咨询——选择是否打开摄像头——否——立即预订——支付——支付成功——进入咨询室——开始咨询——结束咨询

描述任务时要注意精细与宽泛的平衡，任务设置不必过于精细，但如果产品的描述已经很完善，只需考察特定的细节，任务设置就要相对具体。尽量避免直接指导式的描述。注意控制任务的数量，任务数量的多少和可用性测试考察范围有关，也与任务的精细程度有关。如果测试范围广、精细程度深，那么任务数量自然会很多。而任务数量过多可能会带来弊端，如学习效应和疲劳效应，所以最好确保正式测试环节的总耗时不超过1小时。

用户招募：根据测试目标、产品特征来划分用户类型，找出和测试目标有关的筛选标准。选取合适的筛选标准是区分用户类型的关键，如用户年龄、性别、个性特征、生活方式和所在组织或地区的文化特征，以及他们对新技术产品的态度等。特别要考虑与用户使用行为相关的特征，如竞品使用经验、使用产品的目标、使用产品的频率等。挑选核心的维度，并将其转化成招募用户的条件，尽量客观、具体、平衡。避免设置过多的交叉条件导致样本代表性降低。可以从公司内部、现有产品用户库、公司其他产品用户库招募用户。注意对招募的用户做一个基本情况统计，辨别和筛除虚假用户。确定招募用户名单后，给这些用户发送邀请函，通知用户测试时间、地点等重要注意事项。

预测试：在正式测试前，找人按测试要求模拟一遍，并记录需要调整的地方。预测试后对准备不充分和有问题的地方进行修正，同时检查录音、录像设备是否正常。

（二）测试执行

测试环节时长控制在30—50分钟为宜，由主持人引导推进整个测试流程。观察员要记录用户的操作行为、访谈内容和发现的问题。产品团队可以参与旁听，等测试结束后讨论交流解决方案。

测试之前，主持人先进行自我介绍，说明测试目的和测试时长，鼓励用户发声和思考。告知用户需要录音、录像，征求用户的许可。如果项目需要保密，要请用户签署保密协议。

在测试过程中，主持人要仔细观察，认真倾听，适当询问和鼓励用户，最重要的是观察用户能否独立完成任务，以及是否存在无效操作等情况。当用户完成一个操作时，主持人可以适当询问该操作的意图，注意询问要尽量简单。

保持和用户的交流状态，开放、不预设立场地观察、倾听用户，在用户执行任务过程中避免过多提问，以免对用户造成干扰。当用户出现犹豫、惊讶时，如果用户没有说明原因，可以主动询问。若用户快而坚定地说出原因，则该理由可信度较高，不需要继续追问。任务完成后，可以询问用户在操作过程中遇到的问题，以及想深入询问的问题。

测试结束后，指导用户填写评价问卷。评价问卷要避免直接询问用户这个功能好不好用、有没有用、需不需要等，因为用户出于礼貌考虑通常会回答好用、有用、需要，这样的回答没有提供有用的信息。询问可以设定一个场景，如用户在什么情况下会使用某个功能。评价问卷要尊重用户的真实想法，不要试图说服用户，因为用户感受到说服之后会隐藏内心真实的想法，从而影响评价问卷的参考性。当用户提出好的意见和建议时，应及时给予用户正向反馈。察觉到用户犹豫时，应鼓励用户表达真实的想法。最后感谢用户的参与，和用户建立良好的关系，为以后的测试积累用户资源。

总体来说，在测试过程中，主持人和观察员需要记录用户的行为、动作、步骤、结果、想法，以及任务的完成情况、完成时间、完成路径，还有在此过程中发现的问题，但不要急于讨论问题的解决方案。测试结束后，主持人和观察员趁着记忆清晰，应立即整理记录，并互相核对，避免遗漏细节，简单总结测试中的发现。

准备下一场测试：保存前一位用户的录音、录像文件后，清除其操作记录，适当休息，间隔时间至少要30分钟。如果设计师在场，可以现场展开讨论，先反馈重要的问题，如测试中存在明显的错误，可以现场对其进行修改。

（三）总结优化

总结越及时越好，甚至可以边测试边总结，每测试完一位用户做一次小结，一天测试结束后写当日总结。所有测试完成后，设计师可以借助贴纸和Excel对发现的问题进行分类，评定问题优先级，撰写可用性报告。

可用性报告通常包括现状描述和问题总结，描述产品的可用性水平以及其他可用性问题。可用性水平指任务的完成情况和完成时间。描述任务完成时间时，需要考虑到以下影响因素：产品性能、用户个人的使用习惯、用户输入的速度，等等。此外，注意记录任务完成路径是否符合标准，是否有偏离标准路径的现象出现。

可用性报告还包括用户报告数据，如任务完成难易度评价和任务完成满意度评价。

对可用性问题进行界定：界定问题答案的是与否，从问题的出现次数、用户错误行为背后的认知思考，以及问题询问的方式是否合乎逻辑来排列问题的优先级。可用性问题一般分为关键问题、严重问题、一般问题、次要问题。综合问题之间的联系，找出问题背后的原因并对其进行优化，在后续工作中持续跟进问题的处理情况（图5.4）。

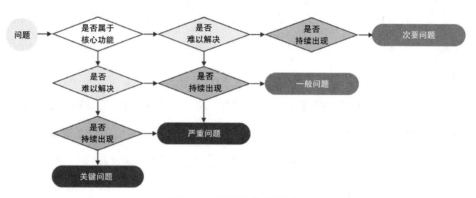

图5.4　问题优先级排序

❓ **练习题**

1.思考启发式评估和可用性测试的不同之处，说说它们分别适合在什么情况下使用？

2.使用尼尔森十原则对项目进行启发式评估。

第六章　界面视觉设计

本章要点

1.了解界面设计常用的视觉元素。

2.掌握界面视觉层次的建构方法,能够运用分组、对齐和网格进行页面的布局。

3.掌握常见的界面组件的设计方法。

用户与软件、网站、App交互时,内容的呈现、交互点的指示需要通过界面的视觉设计来传递。通过用户研究、信息架构设计、界面原型的设计与测试等前期工作,设计师厘清了界面设计需要实现的目标、界面上的信息和信息间的逻辑关系之后,就要将前期工作成果视觉化为具体的界面。界面的视觉设计需要合理地安排形式与功能,清晰无误地传递信息,为内容注入风格,塑造品牌形象,提供良好的用户体验。

一、界面视觉元素

(一) 外观和感觉

一开始设计界面时,不要立刻投入某个具体的设计,或局限于思考界面的具体细节。设计初期最重要的是在审美哲学、色彩、情感价值方面设定一个基调。基调的确定源自前期的用户调研，设计师综合考虑用户对产品的期待，根据公司对产品的愿景与定位，对产品进行视觉效果的探索和呈现。也就是说，设计师在设计具体界面前，要先从宏观的角度确定界面的风格和情绪，即界面看起来的样子和给用户呈现的感觉。

情绪板（Mood Board）是一种高效的、可视化的沟通工具，能快速向他人传达设计师想要表达的整体感觉，传达难以用文字解释的信息。对于设计师而言，在开始正式的界面设计之前，把想法和灵感用图片的方式记录下来，可以更好地找到合适的配色方案，确定设计风格，预判界面的整体视觉效果，减少试错的成本，优化设计流程，大幅缩短设计时间。如果是团队合作的项目，使用情绪板可以增强团队协作，节约沟通成本。对于用户来说，如果预先了解了情绪板，那么在产品最终完成之前，就可以大致了解产品的设计概念。若条件允许，用户也可以参与到情绪板的设计中来。图形化的内容比文字描述更能表达感觉，比起单纯用语言和用户沟通，让用户参与情绪板的设计可以更好地了解用户对界面视觉设计的偏好和期待。情绪板可以用数码软件制作（图6.1），也可以用手工拼贴制作（图6.2）。用数码软件制作情绪板更方便快捷，手工制作则可以激发创意。设计师应根据情况自由选择。

情绪板需结合实际情况进行有针对性的设计。以某金融产品界面设计为例，该产品主要面向25—30岁的中青年用户群体，为用户提供财富管理服务。制作该项目的情绪板主要包括以下步骤：（1）探索关键词；（2）关键词映射；（3）搜集素材；（4）创建情绪板；（5）视觉设计。

第一步：探索关键词。设计团队从企业文化、品牌策略、行业特征、目标用户等方面找到符合参评价值定位的关键词；再通过头脑风暴、用户访谈、用户研究等，提炼出最符合产品特征的关键词（图6.3）。提炼出来的关键词不宜过多，3—7个为宜。

图6.1 数码软件制作的情绪板

图6.2 手工拼贴制作的情绪板

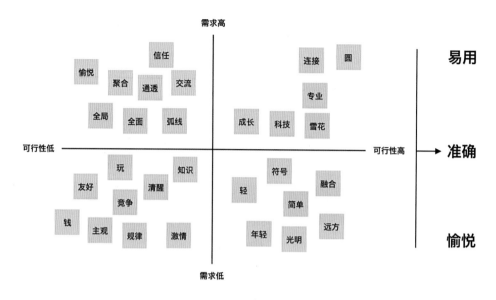

图6.3 寻找关键词

第二步：关键词映射。关键词一般概括性比较强，如果只对关键词进行搜索，很容易导致找到的图片素材同质化。因此，我们要进一步发散和提炼关键词，从视觉映射、心境映射、物化映射三个维度去找到更具象的衍生关键词。视觉映射可以理解为联想到的视觉表现，心境映射可以理解为联想到的心境感受，物化映射可以理解为对应的实际事物（图6.4）。

	易用	准确	愉悦
视觉映射	白色、雪白、雾化、方块、规则图案	蓝色、金属、直角、粗体、规则图案	红色、金色、圆形、抛物线
心境映射	简单、简洁、无障碍、易懂、连接	安全、肯定、正式、清澈、透明、有序、坚硬	喜庆、幸福、美好、享受、灿烂、团圆
物化映射	积木、华容道、体操、雪花、猫	计算机、制服、柜员、时间	旋转木马、月饼、金钱、圆形剧场

图6.4 关键词映射

第三步：搜集素材。设计团队首先根据关键词以及衍生关键词搜索素材。收集的素材既可以是具象的图片，以便更好地感受具体的设计风格，也可以是抽象的图片，以便提炼色彩、质感、图形等设计元素。然后设计团队将搜集到的图片按照关键词进行分类，并生成情绪板（图6.5、图6.6、图6.7）。

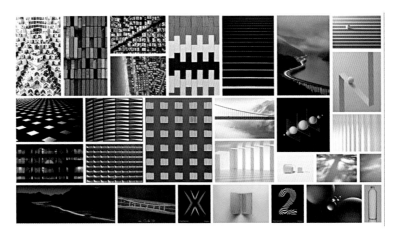

图6.5　素材1　按关键词"易用"进行分类

图6.6　素材2　按关键词"准确"进行分类

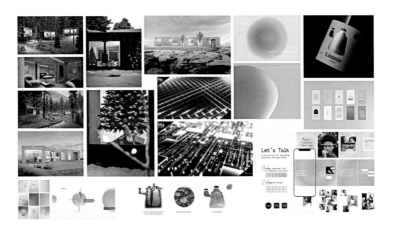

图6.7　素材3　按关键词"愉悦"进行分类

第四步：创建情绪板。设计团队从素材中归纳和整理出符合需求的图片进行排版，并组成情绪板，得到与设计主题相关的内容（图6.8、图6.9、图6.10），为设计提供灵感。

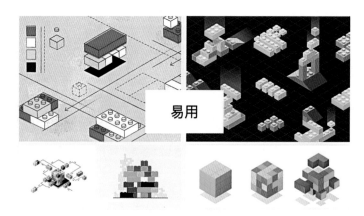

图6.8　情绪板——易用

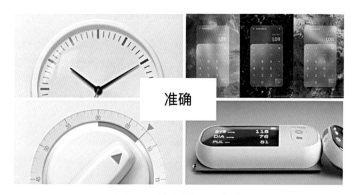

图6.9　情绪板——准确

图6.10　情绪板——愉悦

第五步：视觉设计。设计团队根据情绪板中的图片素材，确定色彩、图形、构图、质感、字体等五个方面内容。

色彩：提取情绪板中的颜色，并结合品牌色和流行色趋势，确定产品的颜色（图6.11）。

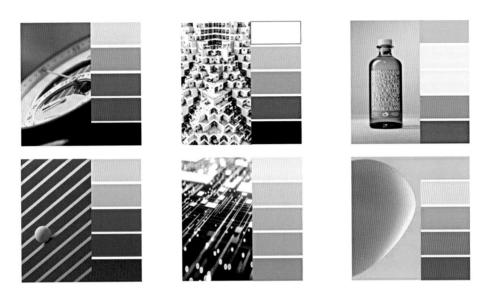

图6.11　对情绪板中色彩进行提取

如这款金融产品的界面设计确定以白色为主，搭配以品牌色蓝色和流行色金色，辅之以绿色、红色和橙色（图6.12）。

图6.12　确定配色方案

图形：图形最好设计成方圆结合的样式，因为圆形与方形的结合兼具包容性和指向性（图6.13）。

图6.13　确定界面图形

构图：模块化的配置，使界面更加灵活易用。而结构化的排布方式，让内容展现得更加有序，同时能够突出各元素之间的主次关系（图6.14）。

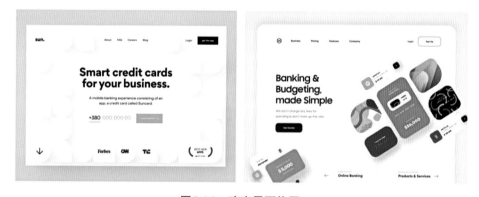

图6.14　确定界面构图

质感：采用轻量化的霓散光影质感，与当下流行的风格相贴近，可以传递愉悦的情绪（图6.15）。

图6.15　确定界面质感

字体：在移动设备中，无衬线字体更符合人们的阅读习惯。中文字体主要用于标题、正文等内容显示。数字和英文字体看起来线条更加简洁。DIN这款字体比较适合金融类产品（图6.16）。通过字体的粗细对比来区分内容的重要性，可以有效地传递信息，也符合设计中"准确"的设计理念。

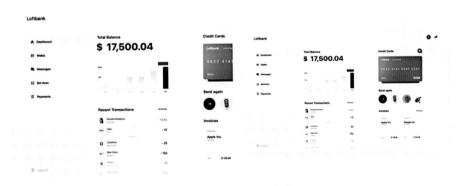

图6.16　确定界面字体

为了更好地感受情绪板的应用效果，设计师可以将情绪板放在一起，或导入手机查看模拟界面的效果（图6.17、图6.18）。

通过设计和使用情绪板，设计师不用真的把界面全部设计出来，就可以直观感受到使用界面的感觉。情绪板可以指导设计的方向，运用好情绪板，可以让整个设计事半功倍。它不仅可以帮助设计师在设计过程中获取灵感、简化流程、节省构思时间，还可以帮助设计师更好地和其他参与设计的人员进行有效沟通，高效传达设计理念，以便达成共识，提高设计效率。

图6.17　将所有元素放在一起

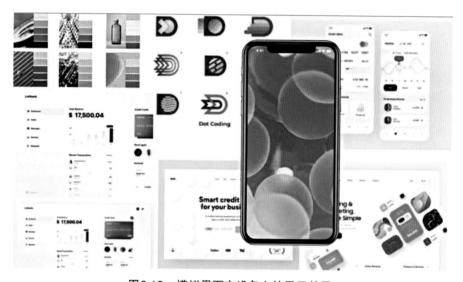

图6.18　模拟界面在设备上的显示效果

（二）色彩

有了情绪板，接下来就可以思考具体的视觉元素了。色彩是界面设计中非常有表现力的元素，发挥着营造氛围和辅助导航的作用。如黑白图片给人感觉严肃、正式、压抑（图6.19），在黑白色基础上加入黄色，给人感觉比较危险（图6.20）；加入洋红色，给人感觉偏娱乐化（图6.21）；加入冷色系，给人感觉冷静而疏离；加入自然色系，给人感觉自然、健康、舒适。合理地搭配色彩，能让界面表达更加丰富、细腻，也能更准确地传递情绪。但色彩给人的感觉是相对主观的，个体差异和地域、文化差异都会影响人们对色彩的感受。设计师要考虑到这种差异性，让色彩准确地传递设计构思，避免用户产生误解。需要注意的是，用户中可能有色觉障碍人群，所以，设计师在设计界面时不能只依靠色彩传递信息，否则这部分用户在使用界面时会遇到困难。

图6.19　彩色与黑白对比

图6.20　加入黄色　　　　　　　**图6.21　加入洋红色**

色彩是组织界面导航的重要元素，可以暗示界面上哪些按钮是可以交互的。如界面中有三个按钮（图6.22），其中两个按钮是灰色的，另一个按钮是绿色的，用户就会感知到绿色按钮是可以被激活的，而灰色按钮是不可以点击的。色彩还可以展现状态：按钮变成灰绿色意味着它已经被点击（图6.23）；
按钮颜色的深浅变化意味着事件的程度变化（图6.24）；三个不同颜色的按钮
意味着它们对应三种不同的功能（图6.25）。

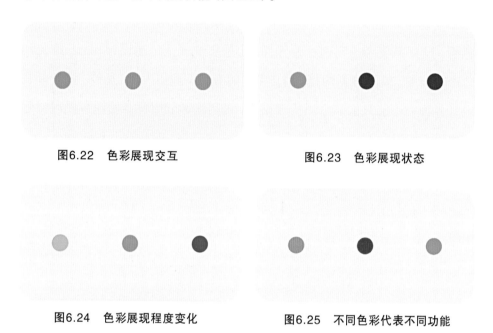

图6.22　色彩展现交互　　　　　　　　图6.23　色彩展现状态

图6.24　色彩展现程度变化　　　　　　图6.25　不同色彩代表不同功能

（三）形状

形状可以表示界面中的各种功能组件，如按钮、导航栏、对话框等。不同
的形状对界面的外观和感觉有很大的影响。界面设计常选择简单的几何图
形，如长方形、圆形、正方形等，因为几何图形有规律可循，用户可以快速识
别，让系统运作变得高效。每种形状都有非常多的变体，如长方形可增加圆
角，圆角的弧度又有非常多的变化，这些变化让界面各不相同。设计师还可
以赋予形状不同的质感，根据界面的使用情景和整体视觉风格来决定怎么
设计按钮。

常见的几何图形特点介绍：圆形是起源形状、完备形状、整体形状，在设
计中使用圆形能体现出相通性、完整性、整体性。圆形将一部分内容包裹起
来，将其他内容排斥在外，给人感觉跳跃、活泼、独立（图6.26）。正方形是容

易突显内容的形状，给人感觉严谨、稳定、安全，但它不是令人兴奋的形状。长方形也具有正方形的特点，且能更好地适应界面空间划分（图6.27）。三角形有明显的变化性和指向性，给人感觉积极、稳定、鼓舞人心。虽然三角形轮廓感较强，但它不太擅长突出内容，在界面上更多作为情绪和氛围营造的底图（图6.28）。

图6.26　圆形构成的界面

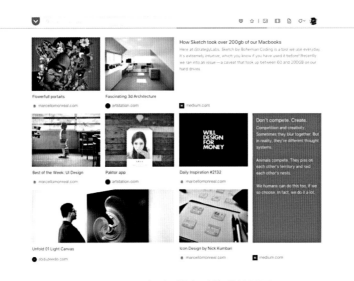

图6.27　正方形、长方形构成的界面

图6.28　三角形构成的界面

（四）质感

质感能够营造界面情绪，增加视觉趣味性和创造性。质感指事物的表面特征，能引发用户的触觉感受。即使没有实际触摸某个物体，人类的记忆也会唤醒过往的经验，产生相应的触觉感受。质感分为触觉质感和视觉质感。在图形界面设计中，我们常使用视觉质感。视觉质感一般通过对质感的色彩和明暗的再现，使观看者回想起曾经的生活经验和感受。

早期图形界面设计非常依赖质感的真实再现，如给按钮增加浮雕、阴影和高光，让它们看起来像真实可以交互的对象。这种拟物化风格的设计在很长一段时间内都是界面设计的主流。然而随着用户对图形界面的熟悉，界面设计不再强调对真实质感的再现，扁平化的设计风格成为主流（图6.29）。人们总是渴望变化，设计风格也在不断创新。如今，在扁平化风格的基础上，又出现了微色彩变化、新拟物主义等风格（图6.30）。

图6.29 界面设计由拟物化设计向扁平化设计发展

图6.30 新拟物主义风格

(五)尺寸

屏幕上元素的尺寸会影响用户对界面元素的识别。屏幕上较大的物体更能吸引用户的注意力,且用户对屏幕上的元素尺寸的识别比对形状的识别更快速。不同的尺寸会产生巨大的差异感,因此尺寸可以用来引导视觉顺序。设计师可以根据需要对它们进行排序,并赋予这些元素不同的重要性。在构建信息层次结构时,尺寸是非常好的工具。

(六)图像

图像可以作为界面上的内容,如搜索商品时,图像能够直观地呈现搜索结果。大部分情况下,图像都被边框限制着,它们可能在矩形、圆形或其他形状的边框内,而这些边框图像会对界面空间进行分割,构成界面布局。如网格界面布局便于边框图片的填入,有很好的适应性,摄影图片、插画、3D渲染等不同风格的图片都可以填充在各自的框架中,界面整体呈现出有机统一的风格(图6.31)。随着AR、VR技术的发展,人机界面设计可以处理沉浸式图片,如

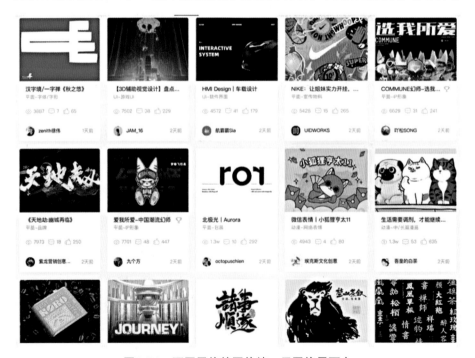

图6.31　不同风格的图片统一于网格界面中

游戏、虚拟现实中的图片,它们突破了边框的限制,这对界面设计师来说是一个新的挑战。

当图像不作为内容时,主要用来营造界面的氛围和情绪。有时产品难以用明确具象的摄影图片展示,就可以用插画来渲染氛围。每张图像都有自己独特的风格和美感,图像在传递信息的同时,也影响着界面的整体氛围(图6.32)。有的图像美学风格很戏剧化,用户可以明显感受到,有的图像美学风格则比较隐晦。苹果公司网站上的图像经过精心修饰,不仅清晰展现了商品,还暗示了一种生活方式,传递着与苹果公司产品相匹配的生活美学(图6.33)。

图6.32　艺术家经济人网站

图6.33　苹果公司官网商品页面

图像可以成为界面导航系统的一部分。当图像与背景形成强烈的对比时，图像便成了界面上的视觉焦点。视觉焦点引导着用户的视觉流，影响用户浏览界面的顺序（图6.34）。当界面中有图像ICON时，用户会先看到图像ICON再看到获取按钮；当界面中没有图像ICON时，用户会先看到由形状构成的按钮。

图6.34　图像是界面上的视觉焦点

使用图像时，设计师无法将图像的内容属性、情绪属性和导航属性分离。即使设计师只打算让图像作为内容，或将图像用于界面导航，图像还是会对程序或界面的外观和感觉产生影响。

（七）文本

文本是界面版式处理的主要对象之一。网站、推文、小程序的很多产品都基于文本。文本的视觉设计是界面设计工作的一部分。虽然视频和音频在今天非常普及，但文本仍是传递信息的重要方式。文本所占资源少，传输速度快，能高效传递信息并节约屏幕空间，还可以精准地描述内容，特别是复杂的非视觉概念，这对设计师来说非常有用。因为设计师经常需要处理复杂的非视觉概念，比如菜单、按钮的命名等。

文字传递信息非常有效、简洁、准确。如"停"字加上红色圆圈和斜杠，人们可以快速地理解这里不能停车（图6.35）。Adobe公司产品图标曾经十分依赖图像表意（图6.36）。它的早期图标比较具象写实，但并不能完全清楚隐喻产品的功能，用户使用时经常选错。因此Adobe公司逐渐改进图标设计，将软件的缩写作为产品的图标，这样一来，用户可以快速、准确理解图标的意思。

图6.35　禁止停车标志

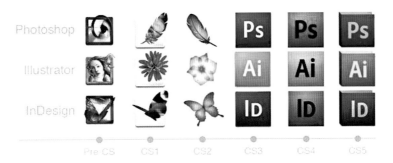

图6.36 Adobe公司软件图标变化

文本不仅可以表达内容，也可以突出产品的个性。文本的形式就像衣服，同样的文本，穿上不同的衣服，就能产生不同的视觉效果。文本常用来作为标识，独特、个性化的形式与品牌的内涵相结合，可以生动地塑造品牌的形象。如通过文本的色彩、质感、字体来构建品牌标识，Google公司的标识就是很好的案例（图6.37）。

图6.37　Google公司图标

字体通常分为衬线字体和无衬线字体两大类。衬线字体指笔画末端有装饰线条的字体，无衬线字体指笔画末端没有装饰线条的字体（图6.38）。衬线字体因为笔画末端有弧线变化，比较适合印刷使用，但衬线字体强调横竖笔画的对比（图6.39），在屏幕上显示时笔画边缘容易产生锯齿，在远处观看时，横线会被弱化，导致文字的识别性下降。相比之下，无衬线字体更适合屏幕显示，因为它没有装饰线条，所以笔画边缘产生的锯齿少，看起来更清晰，并且同样的字号，无衬线字体看起来比衬线字体更大（图6.40），更适合屏幕上较小字号的文本显示。

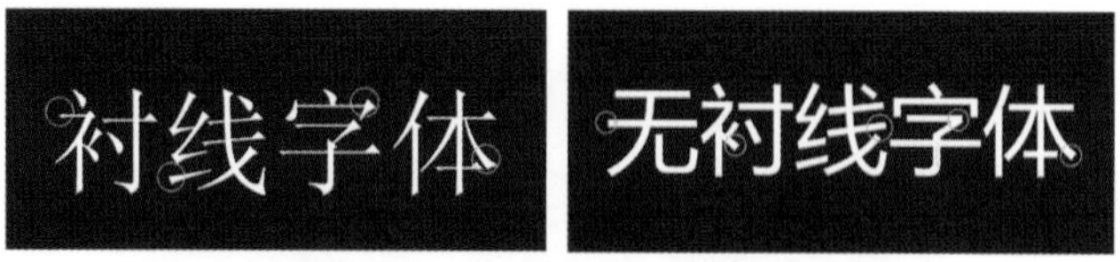

图6.38　衬线字体和无衬线字体

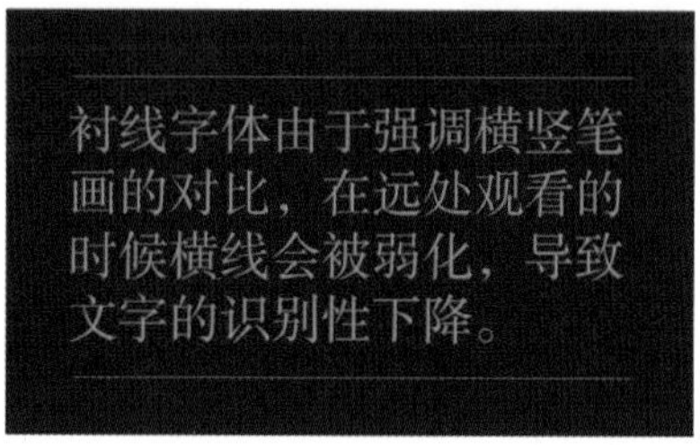

图6.39　衬线字体横竖笔画对比

图6.40　衬线字体和无衬线字体比较

设计师在考虑文本可读性的基础上还要考虑字体暗含的情绪，不同的字体呈现出的视觉效果不同。斜体、草书、花体和高度几何化的字体装饰性强，能打造古典或现代的设计风格，更适合作为标题使用，而若将它们用作正文的字体则会使文本的可读性变差。因此，设计师应根据界面整体视觉风格和实用性进行选择。

二、设计界面的交互

设计界面不仅要考虑静止的状态，还要考虑如何将界面从静态发展至动态交互的形式，并将界面功能与界面形式结合起来。在思考界面如何与用户交互之前，设计师应该思考以下问题：界面将如何工作？用户怎么知道界面上哪些地方可以点击？用户应该怎么操作才可以完成任务？有没有规律或认知模式能够帮助用户理解界面的交互？

（一）构建有逻辑、可预测、可扩展的系统

当用户只看到界面上有三个不同颜色的按钮，却没有任何说明，用户便难以猜测和按钮交互会产生什么效果（图6.41）。如果用户点击按钮，背景色产生变化（图6.42），用户看到这种互动后，便可以推测其他互动该怎么进行。如当用户发现点击蓝色按钮时，背景会变成蓝色，他们会推测按下绿色按钮，背景将变为绿色，按下红色按钮，背景将变为红色。用这种非常简单的方式，设计师就为界面创建了一个逻辑系统。这个逻辑系统的优点是具有可预测性：用户只要点击一个按钮，就可以凭逻辑推断其他两个按钮的工作原理。设计师为用户构建了一个非常经济的系统，使用户不必花费大量时间或精力来理解界面。只要使用这个逻辑来设计界面，那么用户就可以推断整个系统是如何工作的。

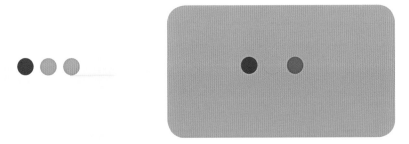

图6.41　三种不同颜色的按钮　　　图6.42　点击蓝色按钮后背景色变为蓝色

如果设计师破坏了界面的逻辑性，如用户单击蓝色按钮而背景变成粉红色，就会使交互变得不可预测，用户学习使用界面的时间会变长。若界面交互合乎逻辑并可预测，那么它可以顺着该逻辑扩展到n级。一旦用户知道这个

按钮是如何工作的，就可以知道其他类似的按钮是如何工作的。所以，设计师需要创建一个有逻辑、可预测、可扩展的系统。

设计师创建具有层次结构的逻辑系统，既要使用户容易理解，又要让用户在使用过程中获得掌握界面技能的成就感。如让用户进行一些直观的学习，使其在使用界面时产生掌控感，他们才愿意主动探索。如果设计师一味追求完备的功能设计，最终会得到一个对用户来说乏味或无趣的界面；如果设计师完全放弃功能的设计，那么该界面将无法正常工作。所以，设计师需要找到功能和设计两者之间的平衡。

（二）构建高效的交互

同样的功能可以有不同的界面设计方案。假设现在要设计一款填色软件的界面，用户可以为图像的不同部分填上不同的颜色，界面上的元素应该包括填色对象和可供用户选择的颜色（图6.43）。

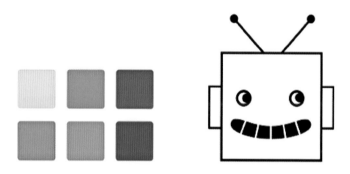

图6.43　填色软件界面元素

方案一：将各个填色区域分开，并用不同的颜色呈现出来。通过图形和色彩，用户可以很容易地推断与界面的交互方式和结果，但界面整体看起来比较累赘。界面中的元素虽多，涵盖的内容却有限，各种元素占据了大量屏幕空间（图6.44）。

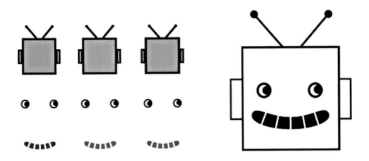

图6.44 填色界面方案一

方案二：将各个待填色的部件分开，并提供可填涂的颜色。用户需要通过两个步骤完成填色任务。首先，选择想要上色的五官（图6.45），此时界面上出现颜色选项，然后选择想要填充的颜色，完成上色（图6.46）。虽然该方案多了一步操作，但为用户提供了更多色彩搭配的选择。

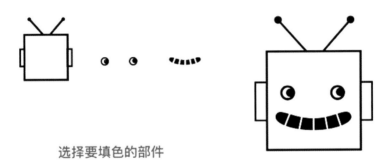

选择要填色的部件

图6.45 填色界面方案二 步骤一

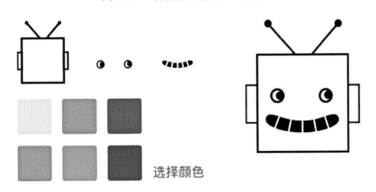

选择颜色

图6.46 填色界面方案二 步骤二

方案三：通过页面布局设计构建更加经济的界面，可以将五官图标缩小一点放在界面左侧，界面中间设置为色轮，将光标由箭头改为吸管，提示用户可以对色轮上的任何颜色进行采样，以填允进所选的五官中（图6.47）。这样不仅精简了页面视觉元素，色彩的选择也更加多样化。

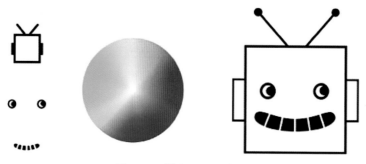

图6.47　填色界面方案三

此时，界面可以继续优化：色轮不用一直出现，只有当用户选中某个对象时，色轮才会自动出现；去掉界面左侧面部重复使用的小图标，让用户直接使用箭头来拼接组合界面上的元素。设计师将部分用户选项压缩到正在使用的工具中（图6.48），能使界面更加简洁且符合用户心智模型，并增强用户对界面的掌控感。

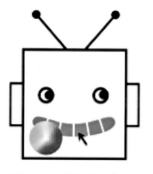

图6.48　填色界面优化

设计师应该不断思考用户与界面的交互，并在交互的每个阶段通过文字或形状来引导用户，告诉用户该做什么。如一款专为长跑运动员设计的监测心率的应用程序,其交互步骤可以这样描述:跑步结束时,用户在手机上打开应用程序,屏幕上的图形指示用户将食指轻轻放在手机界面上。当用户将食指放于正确位置时,屏幕上会提示15秒倒计时。15秒结束时,计时器将消失并替换为心率。

(三)确定交互风格

界面根据交互风格的不同通常可分为功能驱动型界面和独创型界面。

功能驱动型界面的设计追求精简,因此设计师应尽量减少界面中的图形元素。简单、直接的界面能让用户更容易理解,认知时不容易产生障碍。一方面,界面元素的简单化和同质化可以呈现一个用户熟悉且可预测的界面——几乎任何人都可以快速地掌握界面的使用方法(图6.49);另一方面,会造成用户的体验感不强(表6.1)。用户不希望所有界面看起来都一样,比如新闻App和时尚装修App的界面风格和交互体验应该有所不同。

独创型界面通常会给用户带来更有新意的使用体验。与功能驱动型界面相比,用户在独创型界面上完成同样的任务会获得更有趣的体验,这种体验的价值在于可以创造品牌价值或市场价值

图6.49　功能驱动型界面

(图6.50)。但这种界面也有不足:有时不利于用户获取内容。比如用户希望不浪费时间就获得想要的信息,而太过个性化的设计会让用户的操作变得低效。因此,虽然独创型界面可能非常吸引人,但缺乏效率和功能会将新鲜的体验变成令人沮丧的体验。独创型界面加入了更多风格化的设计,使得产品更容易品牌化,但它也可能更快过时(表6.2)。

表6.1 功能驱动型界面的优势与劣势

优势	劣势
简单、直接,用户能够直接快速理解	平淡,过于相似,没有惊喜
能清楚传递信息和交互点,不易使用户产生误解	平淡
用户能快速适应	平淡
熟悉的、可预测的	平淡
有逻辑的	平淡

图6.50 独创型界面能给用户带来更有趣的体验

表6.2 独创型界面的优势与劣势

优势	劣势
内容丰富、设计新奇	不利于获取信息
用户有参与感、沉浸感	消耗过多时间
有回应、回报的用户体验	困扰,障碍体验
体现品牌内涵	数据量变大
创新性、独特性	有时没有必要

那么设计师在设计时应该如何平衡界面的功能性与独创性? 首先, 需要评估界面内容。有时界面需要务实, 强调功能性, 比如办公App注重提高办公效率, 适合功能驱动型设计。而一些情况可能正好相反, 如用户选购衣服或家具, 对网站或应用程序的风格和美感的体验要求更高, 界面需要给用户提供更独特的体验。

冥想星球App的界面设计就在实用性和美感之间进行了有效平衡(图6.51)。强调界面的实用性并不意味着无聊的界面风格。冥想星球App的界面整体设计得干净简洁, 遵循大多数用户熟悉的界面使用习惯, 同时界面中也有丰富的设计元素, 如配色和自定义的图标, 赋予界面独特性, 彰显了品牌自身的美感和个性。

图6.51　冥想星球App界面

设计感和艺术性在榫卯App的界面设计中有重要地位(图6.52), 人们熟悉的界面交互方式在这里消失, 目录信息没有采用常规的列表形式, 而是将榫卯结构通过三维模型围成圆形, 并突出放大当前选中的内容。详情页不只是图文说明, 还可以旋转、放大观看。在这种不按惯例设计的界面中, 用户需要花一些时间来了解它是如何使用的, 但用户在了解操作方法之后会获得一种成就感。该界面成功的设计与用户体验和内容的呈现形式密切相关。

优秀的界面是适应内容的界面。有时界面需要隐藏起来, 不强调视觉和体验的独特性, 使用户的注意力集中于功能和内容。优秀的界面不是某一种问题的解决方案, 它必须处理不同类型的内容, 合理地按比例分配内容, 而分配的比例应根据内容而变化。设计师需考虑界面的整体结构和组成元素,

图 6.52　榫卯App界面

菜单栏

日历

事件

图6.53　日历App基础布局

不能迷失在某个元素的设计细节中。如设计一款日历App产品的界面,它需要一个功能性结构。首先,需要设置一个小空间来放置菜单栏。其次,需要设置一个较大的空间来放置日历,这是App中最重要的内容。此外,还需要设置一个空间来展示用户从日历中选择的事件。界面布局完全由内容驱动(图6.53)。

　　以该日历App为例,虽然界面最上面的菜单栏占据着较小的空间,但也要考虑它是否容易被手指触摸。日历作为App中的主要内容,应占据主界面最大的面积,界面下面的空间用来呈现事件。这三个空间被清楚地划分开,就是以非常简单的方式创建了一种视觉层次。由于该App界面设计的变量较少,因此界面中任何小的变化都会给界面带来较大的变化,如数字的大小、文字的粗细都会影响界面的层次感。设计师可以使用不同颜色构建一个简单的系统,其中静态信息为黑色和灰色,活动信息为蓝色(图6.54)。如使用蓝色显示所选日期,用小圆点指示隐藏事件发生的日期。此外,设计师可以在简单架构的基础上对界面整体的美学风格进行调整,还可以添加图片、图标和符号,让界面视觉更美观(图6.55)。

图6.54　日历布局优化　　　　　图6.55　日历完成界面

三、整体组织

　　界面的视觉设计是基于人类与生俱来的视觉处理模式来组织建构的。大脑通过辨别所见事物,建立优先级顺序来处理视觉信息。阅读并不是一个轻松的行为,因此界面设计要努力减少用户处理信息的负担,尽量避免用户阅读时产生误解。设计师应运用视觉属性对界面上的内容进行分组,构建清晰的视觉层次,引导用户发现信息结构和信息的相对重要性,在每个层次创建统一的视觉结构和视觉流。

（一）内容层次

设计师必须知道界面上什么内容最重要，什么内容相对次要，还要思考功能的层次、结构，对用户来说什么最重要，什么不重要。除了考虑用户，设计师还要考虑客户（界面设计委托方），比如客户的意图是什么？因为用户和客户对界面的期待并不总是一致的。设计师在设计时应始终铭记设计应用程序、网站、产品的真正目的是什么，在向应用程序或网站添加功能和更多选项时，不要忘记最初的目标是什么。

用户打开应用程序或网站，对它们的第一印象非常重要。设计师必须考虑用户看到界面的第一感觉是怎样的，因为这将为用户接下来的体验奠定基础。用户看到界面的内容之后，便会形成某种印象，再对面前的内容作出反应。

当用户打开unsplash网站时（图6.56），他们首先看到的是什么？答案是搜索框。用户看到搜索框，可以通过它下方的图片的布局方式来判断这是用于搜索图片的搜索框。用户因此知道该网站更关注视觉信息而不是文本信息，是一个视觉驱动的网站。用户对他们在这个网站上的视觉体验会抱有某种期望，而一旦用户对界面形成了某种印象，就会按照印象以某种方式与其进行交互。大部分用户浏览图库网站的目的是搜索目标图片。用户在搜索框中输入关键词，并浏览搜索结果，单击某张图片获得详细信息，这是图库网站最重要的功能。用户点击某张图片后，该图片就会占据绝大部分界面（图6.57），这就提供了与首页不同的视觉体验，用户可以看到更多细节。界面用一种简单的方式，为用户提供了点击的"奖励"。当用户向下滚动查看更多照片时，界面并未发生很大变化，因为这时界面不需要向用户提供新体验"奖励"，而是要向他们展示网站内容的深度和广度。在此之后，用户可能会探索一些核心功能之外的中低层次的交互，如点击图片标签导航、分类浏览图片等。

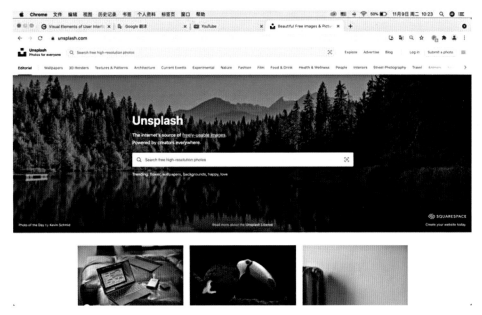

图6.56　免费图库网站unsplash首页

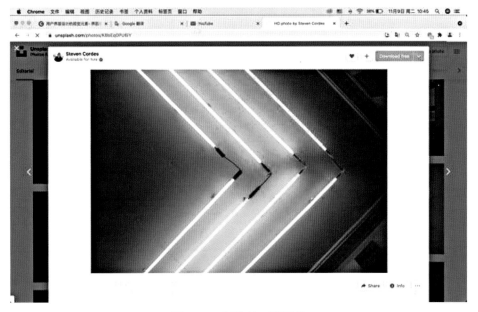

图6.57　浏览某一张图片

可见，确定界面内容的组织结构时，最重要的是确定用户使用该界面的目的。如设计一款打车App，用户的目的是尽快打到车。为了达到这个目的，用户在界面上需要输入目的地，发送用车需求。因此这些要成为用户打开App界面时第一眼看到的内容，它们也是界面内容层次中最重要的部分。

（二）界面布局

界面布局是通过对界面上的视觉元素的设计，影响用户的注意力，由此引导用户完成与界面的交互。因此设计师在布局时要清楚用户使用界面的目的，方便用户获取信息，理解界面的操作流程，最终完成设计。不同的任务界面排版布局不同，界面上有功能性的按钮和传递内容的图片与文字等内容，人的大脑在识别对象时更习惯从宏观上去把握，所以设计师需要对界面上的视觉对象进行结构化处理。结构化界面更易于用户浏览和理解，能提高用户浏览复杂数据的能力。瑞典艺术家乌尔苏斯·韦利（Ursus Wehrli）进行了一系列名为 *Clean Up* 的艺术创作，从他的作品中我们不难看出，对界面进行结构化的处理，可以让杂乱的内容变得清晰（图6.58）。

图6.58　乌尔苏斯·韦利的清理艺术

1. 视觉层次

视觉层次是界面内容重要程度的区分，用户可以从界面的布局推导出它的信息结构。设计师应将重要的内容在视觉上进行突出，让它们成为界面上容易吸引人注意的部分，将那些不重要的部分通过设计隐藏起来，不去干扰用户对重要信息的感知。一段没有视觉层次的文本，用户只能从头至尾阅读完毕才能了解它传递的信息（图6.59-1）。在文本段落中加入空行，有利于用户区分文本结构（图6.59-2）；加大、加粗、加黑标题，有利于用户区分文本结构并了解每部分的关键词（图6.59-3）；如果再加入色彩、图形，界面的结构将更加清晰，内容更加易读（图6.59-4）。

图6.59 视觉层次

创建视觉层次需要建立视觉焦点。视觉焦点是界面上眼睛无法忽视的地方，一般根据重要程度的排序进行设计。设计视觉层次时应该注意以下几点。

（1）左上角优先。根据大多数人从左至右阅读界面的视觉习惯，左上角应该放重要内容。

（2）留白。需要强调的内容可以放在空旷的背景前，干净的背景可以很好地凸显前景的重要内容。

（3）字体对比。重要的内容用深色、加粗字体来增强视觉分量感，不重要的内容用浅色、细一点的字体来弱化视觉分量感。

（4）前景色和背景色对比。通过前景色和背景色的差异来突显重要的内容。颜色对比包括：色相对比、饱和度对比、明度对比。

（5）图形。利用线条、方框、颜色块等元素对界面进行分类整理，在一个框或分组中的元素属于一个整体。

（6）对齐与缩进。对齐使界面更整洁，缩进的文字从属于它上一级的内容。

分析苹果公司的网页，设计师使用了以上哪些方法创建视觉层次？（图6.60）

图6.60　苹果公司网上商城

2. 视觉流

每个界面都会有一个或多个要执行的主要操作，视觉流应该自然地将用户的注意力吸引到主要操作上。用户界面视觉流通常由不同界面之间的导航路径组成，它们与流程不同，它们不描述用户或系统如何完成任务，而是描述用户如何使用导航界面系统。令人困惑的视觉流会减少用户使用产品的信心，持续下去则会让许多用户放弃任务。放弃的任务越多，用户就越难认可界面和产品。

视觉流的作用是在用户浏览界面的时候跟踪其视线。视觉焦点将用户的注意力吸引到界面中最重要的元素上，视觉流引导用户的视线从焦点移到那些次要的内容。界面中不可有过多的视觉焦点，否则会削弱各焦点的重要性。界面中的焦点层次要清晰，差异过小则很难形成鲜明的层次感。在视觉流中，眼球移动的距离越短，界面就越容易理解和使用。对界面的理解会随着用户的需求改变，设计视觉流要符合用户的心智模型和需求。

3. 分组、对齐与网格

分组与对齐对于形成清晰明了的视觉层次结构非常必要。设计师要将界面上零碎的元素依据相关性进行分组，让界面形成模块，再用对齐的方式将这些模块整合在一起，结合网格的应用，构建一个视觉结构清晰、层次分明的界面。

分组与对齐背后的原理是格式塔心理学的相关理论。根据相邻性原理，如果物体间距离很近，如相邻摆放时，用户会把它们互相关联起来，认为它们是有关系的（图6.61）。根据相似性原理，如果界面上某些元素呈现相同的颜色、形状、大小或其他视觉属性，用户会认为它们是同一类型或同一组（图6.62）。在macOS界面"属性"设置对话框中，可交互的地方使用蓝色进行突出，用户很快能明白蓝色的地方可以进行个性化设置。相邻性与相似性使人们更倾向于从视觉上给对象进行分组，而连续性是基于人的视觉认知系统连接非连续性元素的。人们的视觉喜欢感知连续的形式而不是分散的碎片，虽然界面上各个元素之间没有真实的线条连接，但人眼可以将由对齐的小元素组成的断续的线条看成整体（图6.63）。封闭性是指人的视觉认知系统自动将敞开或不完全封闭的图形封闭起来，将其感知为完整的物体而不是零碎的元素。封闭性可以让界面元素从背景中脱离出来，形成模块感（图

6.64）。以上每一个心理学原则都很重要，在实际设计中常常配合起来使用。

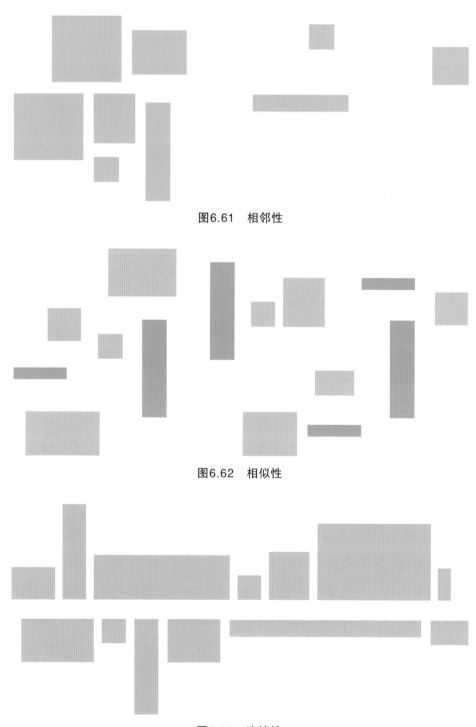

图6.61　相邻性

图6.62　相似性

图6.63　连续性

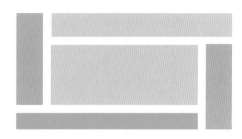

图6.64　封闭性

　　在视觉上对界面元素进行分组很重要,分组暗示在同一组内的对象是互相关联的。如果表单中的输入字段和提交按钮距离较远,没有其他视觉引导,用户就很难看到按钮。而分组能形成视觉流,任何元素都不能随意摆放在界面上,每一项都应该与界面上的另一项或多项存在某种视觉关联。人类的视觉认知系统喜欢彼此关联的内容,因此设计师在设计时可以应用相邻性原则拉近各元素间的距离,同时在组的外围留下足够多的空白,由此更好地衬托出组内元素的亲密性。必要时可以使用分组框进行分组,但要避免多个层级分组框的嵌套,因为嵌套在一起的分组框对界面形成清晰的层次没有太大的帮助。使用对齐可以巧妙地对元素进行分组,因为基于连续性原则,虽然元素没有真正地靠在一起,但用户仍能感知到它们是彼此关联的(图6.65)。

　　设计界面结构的简单方法之一是应用网格系统。网格系统在出版行业的应用历史悠久,在界面设计中同样适用。在多终端环境下,同一产品经常要适配不同平台,用户通过不同类型的设备与界面交互,从智能手表的小屏幕到超宽的电视屏幕,设计师要用直观和易于保持一致的方式组织内容,网格系统就很适合多终端的界面设计。它可以更高效地针对多种屏幕尺寸和分辨率进行设计。

图6.65　将分散的元素对齐

网格由一系列垂直线和交叉线组成，它将界面划分为列或模块，可以根据需要选择可见或不可见（图6.66）。作为界面布局的框架，网格可以将界面上分散的元素连接在一起，帮助设计师管理界面上的各个元素，如对齐元素、调整元素之间的比例，还能组织图形元素、文本和其他装饰元素。

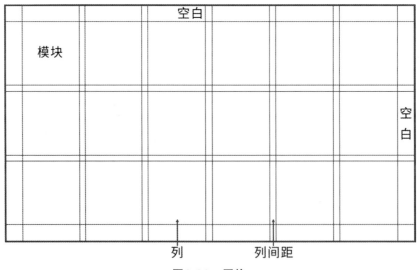

图6.66　网格

列、模块、间距和空白以不同的方式组合,可以形成不同类型的网格。常见的网格类型有单列网格、多列网格、模块网格、基线网格、响应式网格等。

- 单列网格只有单独一列,又称为手稿网格,是最简单的网格结构(图6.67)。单列网格在书籍排版中最常用,由一列被边距包围的文本组成,既可以放置文本,也可以放置图片。

图6.67　单列网格

- 多列网格顾名思义是由多个单列网格构成的网格(图6.68)。列越多,网格就越灵活。多列网格适用于整理非连续性内容,它为具有复杂层次结构的内容提供了灵活的整理格式。如将不同类型的内容放置在不同区域,文本或图像可以占据一列,也可以跨越几列,无须把所有空间都填满。

- 模块网格具有从上到下一致的水平分区和从左到右一致的垂直分区,可以根据内容将界面分成数列和数行。这种组合能确保整个设

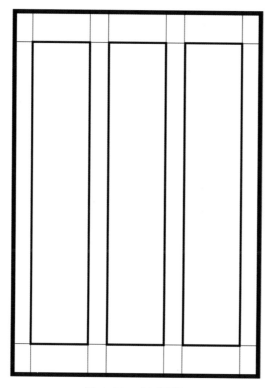

图 6.68　多列网格

计的连续性，通过在网格上放置文本或图像的方式来提高内容的清晰度（图6.69）。模块网格可以支持无限的内容。

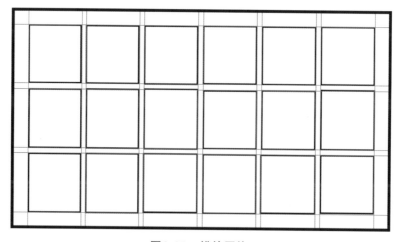

图6.69　模块网格

· 基线网格是设计垂直间距的基础结构,它主要用于内容的水平对齐和层次划分。使用这种类型的网格界面可以确保每行文本的底部(文本基线)与基线网格对齐,也可以快速检查界面上的某些内容是否缺行(图6.70)。使用基线网格对齐元素(文本、图像和内容容器),意味着需要将它们的高度设为基线值的倍数。如选择8个像素作为基线值并希望对齐文本,则需要将字体的行高设置为基线值的倍数,像8、16、24、32像素等。

图6.70　基线网格

· 响应式网格能适应不同尺寸和方向的屏幕,确保布局的一致性(图6.71)。响应式网格一般包含三个元素:列(内容占据的区域)、间距和边距。列、间距和边距的配置根据屏幕的宽度而变化,以匹配屏幕的尺寸和方向。断点(发生布局改变的临界点)的范围决定了每个屏幕的列数以及边距。

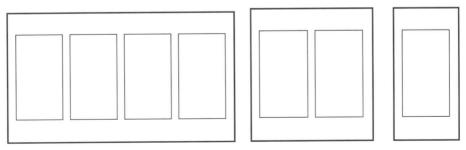

图6.71　响应式网格

使用网格设计界面时首先应考虑需要几列网格,通常来说,移动端界面采用4列网格,平板电脑采用8列网格,桌面软件采用12列网格,但这并不是强制性的。如何确定界面应该有多少列呢?设计师可以先勾勒界面布局(纸上原型),在确定屏幕上需要显示的内容后,根据内容去设置网格。

图6.72　手机网格界面案例——小红书

然后,考虑界面的限制条件。假设大多数用户将使用手机访问界面,那么界面的所有设计决策包括网格都需要考虑这个限制条件。因手机的屏幕空间有限,多列网格明显不适合,所以通常使用一列或两列网格。同样因为屏幕空间受到限制,用户单次浏览的信息量有限,所以用户需要通过滑动界面获取更多的信息。设计网格布局时,既要保证网格足够大,使里面的内容可被识别,同时还要足够小,以便界面一次呈现给用户更多的内容(图6.72)。

最后,使用网格设计界面还可以打破网格限制,突出重要元素。要突出重要元素就要为其添加视觉权重,将用户的注意力吸引过去。如跨越多列的项目比仅填充一列的项目在视觉上显得更重要。设计师可以打破网格列,增加视觉兴趣点或强调某些元素,以吸引用户关注(图6.73)。打破网格可以改变原有的视觉层次，但要按实际需求进行设计。

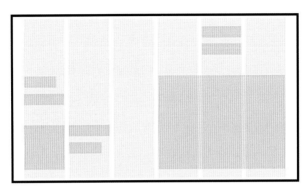

图6.73　打破网格限制

另外，使用网格时要注意网格的水平间距和垂直间距。当水平间距和垂直间距一致时，界面的整体结构更清晰，更方便用户浏览；当两者不一致时，用户难以区分内容的结构（图6.74）。

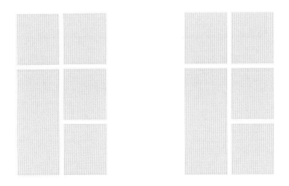

图6.74　水平间距和垂直间距保持一致

（三）平台和屏幕尺寸

随着互联网的普及，电子产品的种类也变得越来越多，智能手表、智能手机、平板电脑、笔记本电脑等设备层出不穷。产品种类增多之后，屏幕的尺寸也增多了，因此设计师需要考虑界面的屏幕适配问题（图6.75）。同样的操作系统、同样的品牌一般会有不同的产品线，除了满足消费者不同的需求外，这也是公司发展战略和商业布局的需要。例如苹果公司和华为公司,产品线涵盖手机、平板、个人电脑、电视、智能穿戴、智能音箱、车机等多种设备。设计师需要考虑不同设备之间的用户体验、资源共享等,让界面匹配设备、支持用户的全场景体验。不同的品牌和产品需要适配的硬件设备也不同:穿戴设备如智能手表、智能手环、AR/VR眼镜,智能设备如手机、平板电脑、笔记本电脑等。本节以屏幕大小作为区分,列举比较有代表性的三类屏幕:5—7寸的手机屏幕、8—10寸的平板电脑屏幕、12—16寸的笔记本电脑屏幕,讨论这几种尺寸的屏幕的界面适配问题。

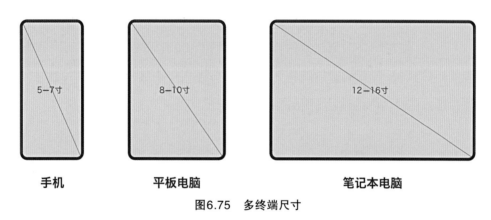

手机　　　　　　　　平板电脑　　　　　　　　　　笔记本电脑

图6.75　多终端尺寸

1. 多屏适配布局方式

多屏适配布局方式主要有自适应、流体式、响应式,A+R混合式等。每一种方式都有自身的特点,设计师应根据实际情况选择不同的适配方式。

（1）自适应布局

自适应布局指可以自动识别屏幕宽度,并作出相应调整的界面布局设计（图6.76）。自适应布局需要对不同分辨率的屏幕进行一对一的界面设计,以保证在各个尺寸的屏幕上都可以很好地显示内容。自适应布局相当于多个静态布局组成的一个系列合集,每个静态布局对应一个屏幕分辨率范围,界面通过百分比自动适配设备屏幕分辨率和可视窗口的大小。当网站功能复杂、用户交互频繁、用户数量较多时,使用自适应布局更合适。例如电商类网站可以使用自适应布局，以便为用户提供功能全面和良好的交互体验。

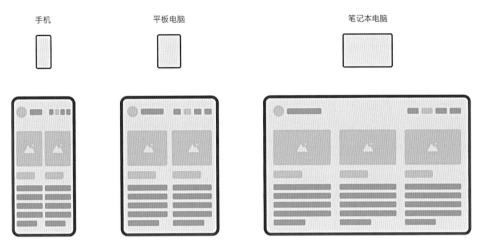

图6.76　自适应布局

（2）流体式布局

流体式布局属于自适应布局的一种，也是通过百分比自动适配设备屏幕分辨率和可视窗口的大小（图6.77）。不同于普通自适应布局的是，随着窗口大小的改变，流体式布局的界面会发生微小的变化，系统可以再次进行适配调整，以弥补普通自适应布局的不足。

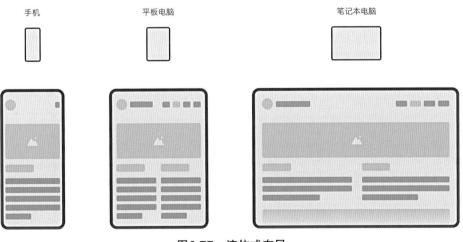

图6.77　流体式布局

（3）响应式布局

从广义上来说，响应式布局能更好、更灵活地实现屏幕的自适应，它是一种弹性布局（图6.78）。从狭义上来说，响应式布局指的是一个网站能够兼容多个终端、一套界面代码可以对应多种屏幕尺寸，而不是为每个终端制作特定的版本。从网站的运营和维护的经济性考虑，若网站交互少、功能少、升级不频繁，建议使用响应式布局。例如公司主页等展示类网页。

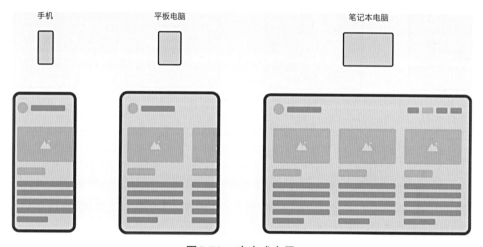

图6.78　响应式布局

（4）A+R混合式布局

A代表自适应（Adaptive），用不同的布局为纯触屏或者混合触屏设备等提供良好的体验；R代表响应式（Responsive），通过改变界面结构布局来更好地适配可视区域。混合式布局就是为不同终端设备的屏幕分辨率设置布局。在每个布局中，界面元素随着窗口调整而自动调整，是混合了百分比、像素单位的组合方式。

在实际工作中，单一的布局方式可能无法获得理想效果，有时需要结合多种布局方式，但原则上应尽可能保持简单轻巧，而且同一断点内要保持统一逻辑，否则界面太过复杂会影响用户的使用体验。

2. 多屏适配的原则

（1）一致性

一致性包含视觉一致性和功能一致性两个方面。视觉一致性强调品牌视觉的统一性与用户对产品的认同感，内容不会因为适配不同的屏幕而呈现差异化的视觉效果。功能一致性是指核心功能在不同屏幕上应保持一致，同时，每个功能适配不同的屏幕时在配置、触发和交互方面应该是相同的。设计师应考虑不同使用场景下不同屏幕的独特性和兼容性。

（2）连续性

用户从一个设备切换到另一个设备，应该是一个自然的连续过程。虽然在不同的屏幕上操作，但最后完成的是一个共同任务。无论屏幕大小如何变化，连续的操作能给用户带来更优质的体验，因此设计师应使信息保持同步更新，让用户进行连续性操作时更加得心应手。

（3）互补性

不同屏幕各有其优势和局限性，大屏展示的内容信息更多，浏览效果更佳，小屏便于携带，可以随时随地使用。各种设备相互补充，从而使产品链形成一个联合整体，创造出新的体验。

多屏适配没有严格的顺序要求，通常依据产品的定位和使用场景两个维度来规划。

产品定位：如果产品以移动端为主，网页端为辅，那么可以先对移动端的小屏进行设计和开发，以保证主要屏幕的最佳体验效果，反之亦然。

使用场景：主要是考虑用户大部分时间使用的场景是什么，例如视频网站的设计，考虑到用户使用大屏的场景较多，可以优先设计和开发大屏的界面，再让该界面适配小屏。总之，设计多屏适配界面首先需要了解屏幕的特征和使用场景，再根据产品目标及开发成本等因素，遵循一致性、连续性、互补性等原则，使用户在浏览不同尺寸的屏幕时都能获得良好的体验。

（四）惯例与创新

在界面设计发展过程中，业界逐渐形成一系列惯例，这些惯例被证明是有效且为用户所熟悉的。运用这些惯例可以提高工作效率，帮助设计师快速设计界面。

基于台式计算机的网页设计大多把页面分为4个区域（图6.79）：内容区域是最重要的，其次是品牌和不同级别的导航或功能区域，每个区域都自成一体。设计师应花一定的时间研究每个区域的元素，最简单的方法是依据内容的稳定性进行划分，将变化频繁的内容和稳定的内容划分开，如将品牌信息和导航信息划分开。几乎所有的网站都采用这种分类方式。对整体内容进行大的模块化划分后，设计师需要思考如何更详细地构建每个模块的内容。如在网页的主体部分的设计中，设计师可能会在该区域放置多个界面元素或多个小的内容模块，放入的内容越多，处理起来越复杂，设计师需要考虑内容的间距、结构和层次。

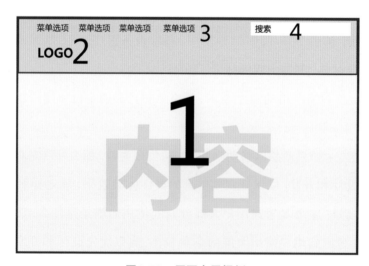

图6.79　网页布局惯例

智能手机App界面的设计不太一样：手机屏幕比较小，在电脑上一个界面里可以展示的内容，在手机上可能要通过一系列界面来展示（图6.80）。如在用户访问具体内容之前,品牌可能会出现在一个完全独立的界面上。在电脑网页上,大部分内容都摆在用户面前,而在手机App上,大部分内容都是隐藏的、浓缩的,很多时候,它们是不可见的。手机屏幕像窗户一样,虽然用户只能在上面看到少量内容,但用户知道打开窗户还有许多内容。用户不希望任何东西挡住他们正在浏览的界面,因此不在当前用户浏览范围内的元素都可以暂时隐藏起来。如在网页上,4个主要选项可以作为导航一直留在屏幕上,但在App中,它们可以隐藏进侧滑菜单中,让用户体验更加流畅。如果界面上有多个选项,设计师有时不得不压缩它们并创建一个可以隐藏它们的界面元素,确保用户专注于小屏幕上呈现的内容。这些都是基于手机App屏幕的设计,即使是一样的内容,在电脑和手机上浏览起来的实际感觉也不同。当用户需要更多空间来执行复杂任务时,他们会倾向于切换到电脑屏幕上进行操作。

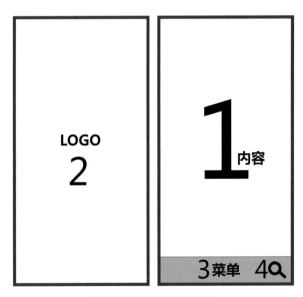

图6.80 手机布局惯例

惯例的结构因适应性强而符合大多数界面的设计,是被检验过的成熟的设计,且为用户所熟悉。运用惯例结构能让设计工作变得快速且简单,因为它们是通用的，同时又具有灵活性，支持多种类型的变化。设计师可以在结构、访问性和逻辑方面采用惯例模板，基于它们创建特定内容的界面，再对界面的视觉效果做充分的个性化设计，让它们的细节更加丰富和独特。这样既能保留界面设计的功能性和实用性，同时又能体现出一定的独特性。

什么时候遵循惯例？什么时候创新界面？最佳界面应该是什么样子的？这些都是设计师需要考虑的问题。设计师必须考虑特定的上下文，这与特定内容有关。界面的视觉外观和用户的体验感受与内容的特点直接相关。界面如果是面向特定用户的，其外观和感觉也需要体现出这种独特性。如设计师准备设计一款音乐App的界面，这款App面向的用户是喜欢中国风音乐的人群，这个前提会影响设计师对App界面的排版类型和图像类型的选择。但如果这款App是面向喜欢不同类型音乐的人设计的，设计师就需要创造没有太具体感觉的界面。所以，当界面需要面向特定用户群，又有特定设计目标时，设计师就要在惯例的基础上努力创新。很多时候，设计师需要寻找界面惯例与特殊性之间的平衡，让界面"隐形"，让用户专注于内容。隐形的界面能突出界面的功能性，但可能会比较无趣，缺少独特性。数字体验的特殊性来自体验的美感，功能则来自界面惯例或实用程序，只有当界面设计的美学和实用性结合在一起时，才能让用户获得更好的使用体验。

四、界面元素设计

（一）按钮设计

按钮是一个独立的交互对象，用户通过点击它与之交互，但只有当用户知道它是一个按钮时，它才可以作为交互对象使用，所以设计师需要通过设计让用户知道哪里是按钮。清楚地标记按钮很重要，因为按钮通常用于创建操作，一个模棱两可的按钮可能会删除、擦除或破坏对用户来说非常重要的东西。界面设计师有责任创建表意清晰的按钮，如使用准确的符号，或在文

五、界面状态与界面元素状态

界面的各种状态非常重要，设计师不能只设计界面完美状态的原型，还要考虑界面的各种不同状态，并将其中各个元素的不同状态描述清楚，才能构成完整的App或Web操作界面。

（一）界面状态

1. 空白状态

空白状态是界面上没有内容显示时屏幕的样子。这可能是因为用户执行了导致没有内容呈现的操作，或用户第一次查看屏幕，界面上没有内容可以显示（图6.85）。设计该状态时，设计师应该思考以下问题：用户第一次浏览时，屏幕会是什么样子？用户搜索没有返回任何内容时，屏幕会是什么样子？用户执行清除内容的操作时，屏幕会是什么样子？

图6.85　空白状态

2. 不完美状态

不完美状态是呈现内容不是最佳状态时屏幕的样子，如很长或很短的文本、格式不正确、缺失图像等（图6.86）。即使内容不完美，界面仍然应该易于便识，不会让用户产生混淆。设计该状态时，设计师应该思考以下问题：如果文本内容很长或很短，屏幕会是什么样子？如果缺少图像，屏幕会是什么样子？如果缺少某些内容，屏幕会是什么样子？此时用户是否会认为该程序已被损坏？

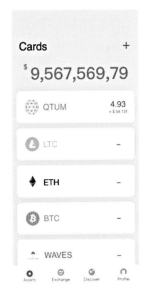

图6.86　不完美状态

3.错误状态

错误状态是呈现用户遇到系统错误时屏幕的样子,可能是因为网络或系统引起的错误,也可能是用户操作不当引起的错误(图6.87)。设计该状态时,设计师应该思考以下问题:如果出现连接错误会怎样?如果用户操作不当会怎样?错误的定义是否明确并易于用户理解?用户如何轻松地从错误中恢复?系统可以有效避免错误状态的出现吗?

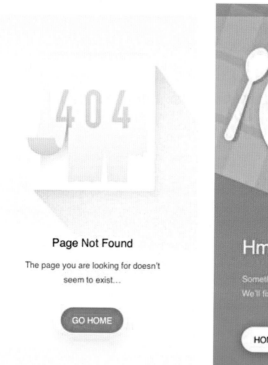 

图6.87　错误状态

4.成功状态

成功状态是呈现用户顺利完成某个任务时屏幕的样子(图6.88)。设计该状态时,设计师应该思考以下问题:界面对用户来说是否足够清楚地表明操作已成功完成?界面是否允许用户执行下一个任务?

5.加载状态

加载状态是呈现检索内容或执行需要加载项操作时屏幕的样子（图6.89）。设计该状态时，设计师应该思考以下问题：用户是否清楚系统正在加载？用户是否会将这个加载指示器视为一个缓慢的系统？

图6.88　成功状态　　　　　图6.89　加载状态

6.部分状态

部分状态是呈现只有一部分正常内容时屏幕的样子。这可能是因为用户刚刚开始与程序进行交互（图6.90）。设计该状态时，设计师应该思考以下问题：用户添加一个、两个或更多项目后，屏幕会是什么样子？如何鼓励用户与界面进行更多互动？

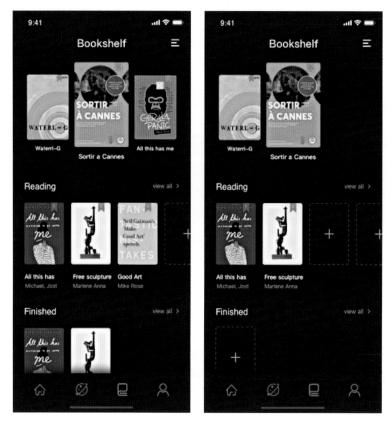

图6.90　完美状态与部分状态

（二）界面元素状态

随着技术的发展，界面不再是图像和其他静态元素的集合，网络和移动体验的加入让界面比过去任何时候都更具有交互性。界面元素的微交互可以提升产品价值，丰富用户体验。这里的界面元素状态指一个元素可以根据其使用的上下文而呈现不同的形式。如按钮在界面设计中有多种状态，它是界面上交互性最强的元素之一。

为按钮等界面元素设计状态时，重要的是根据元素的功能状态进行相应的设计。将不同状态的按钮摆放在一起很有帮助，用户可以轻松地看出它们之间的关系（图6.91）。

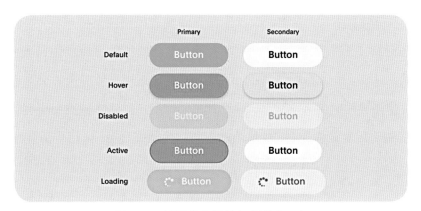

图6.91 不同状态的按钮摆放在一起

当用户没有进行任何操作时，按钮处于正常状态。用户把光标放在按钮上，按钮状态会发生某种变化，以便让用户知道按钮处于悬停状态。悬停状态应设计为指示按钮状态，表示此时按钮是可点击的。常见的悬停状态样式是按钮的背景填充颜色变暗、变亮或按钮的位置发生改变。单击按钮时，需要改变其状态，以便让用户知道按钮已被按下。最后是点击按钮之后的状态。当然，不是所有按钮都具有这些状态。设计师可以通过色彩的对比来创建层次结构。如正常状态和按下状态的按钮文字标签和填充色彩对比度最强、可见度最高。非活动状态的按钮文字和填充色彩对比度低，因为该状态可以被用户忽略。设计师要考虑如何区分每个状态的对比度。

图6.92 不同状态按钮对比

设计师为界面元素设计状态时，可以参考以下几点：（1）遵循通用约定。按钮是一种高度交互且通用的界面元素，用户对按钮的操作和按钮的功能有一些认知定式。（2）界面元素状态与界面整体风格应保持一致，如果按钮状态和网站、产品、品牌的风格大相径庭，就会破坏界面的整体风格。（3）测试状态。即使是像按钮这样的小元素，通过观察用户与按钮的交互也能反映用户使用界面时的真实想法，对设计师了解用户如何体验界面很有帮助。（4）避免使用复杂的动画。简单的动画可以为状态加分，让用户清楚地知道状态的变化，但复杂的CSS动画、奇特的动画效果可能会弱化内容的重点，让用户分心。

六、界面交付

设计师完成设计稿后，需要和上游的产品经理以及下游的开发工程师进行对接。在这个阶段，最重要的是把设计稿提交给开发工程师，由他们负责还原设计效果，并最终让产品上线。在这个过程中，设计师一般需要配合开发工程师完成两件事情。

第一件事是对设计稿进行标注，标明页面的间距、文字的大小、图片的尺寸，等等，让开发工程师有据可依，最大程度地还原设计稿。

第二件事是切图。开发工程师可以通过代码完成简单的按钮、分割线设置，颜色填充等工作，但像图标、图片以及一些特殊的符号设计是不能在程序代码里完成的，这时候就需要通过切图的方式来实现。设计师如果不确定哪些模块需要切图，可以多和开发工程师沟通。

标注和切图是整个设计流程的最后一步，同时也是设计师与开发工程师共同合作、还原设计效果的第一步。在实际工作中，常见的问题是开发还原度与设计稿不一致，需要设计师反复地核对与调整，所以设计师遇到不清楚的地方，应该多跟开发工程师沟通，良好的沟通是解决问题的有效途径。

？练习题

1.选择一款你认为交互体验优秀的App进行界面视觉层次分析。

2.熟悉相邻性、相似性、连续性和封闭性原理，分析这些原理在网页和App界面设计中的运用。

3.尝试运用网格系统完成个人网站的界面设计。

第七章 技术创新

本章要点

了解未来影响人机交互的技术创新。

随着科学技术的进一步发展,计算机、智能手机、无线终端设备已经相当普及。未来将有更多的新技术涌现出来,为设计师带来更多的机会。从2016年兴起的人工智能到2021年由Facebook提出的元宇宙概念,再到2022年OpenAI公布的ChartGPT,越来越多的人开始关注设备以外的技术创新。本章将从人工智能、智能汽车、智能穿戴设备、元宇宙等方面展望未来技术发展的可能性。

一、人工智能

人工智能的兴起,给人机交互带来了更多的可能性和更广阔的想象空间。人工智能原本以屏幕为操作媒介,后来逐渐向屏幕以外的领域发展,不受屏幕的限制。人工智能不是突然兴起的概念,而是受到社会、经济、技术、人文等因素的影响慢慢发展起来的。早在电影《黑客帝国》中,人们就已经领略过人工智能的威力:人类发明的人工智能机器人发生叛变,与人类爆发战争。当然人工智能也有好的一面,电影《她》就描绘了一个关于人机之恋的故事。如同《未来简史》所说，人工智能时代终将到来。在现实世界中，AlphaGo与围棋高手对弈给人留下深刻印象。AlphaGo是第一个击败人类职业围棋选手、第一个战胜围棋世界冠军的人工智能机器人。2016年3月，AlphaGo与围棋世界冠军、职业九段棋手李世石进行人机大战，以4比1的总比分获胜（图7.1）。

图7.1　AlphaGo下棋

（一）什么是人工智能？

人工智能是指通过计算机程序呈现人类智能的技术，通常分为三大类：弱人工智能、强人工智能和超人工智能。弱人工智能是擅长单个领域的人工智能，如前面提到的AlphaGo，虽然它能战胜围棋世界冠军，但在其他领域，像设计领域，它就不知道怎么做图了。现在市面上常见的人工智能几乎都属于弱人工智能。强人工智能是类似人类的人工智能，它会像人类一样思考，人类能做的脑力活它都能做，创造强人工智能比创造弱人工智能要难得多。超人工智能即超级人工智能，它几乎在所有领域都比人类大脑要聪明很多，包括科学创新、社交技能等各方面的能力都比人类更强。

人工智能的兴起必然伴随着机遇和挑战。一方面，人工智能给人类带来了许多好处，如阿里巴巴公司通过人工智能开发出来的鹿班系统，一秒钟可以设计8000张海报，大大解放了设计师的双手；另一方面，人工智能的过快发展引起了人们的焦虑和恐慌，有人担心自己的工作会被人工智能所取代，有人害怕人类成为人工智能的奴隶。凡事有利必有弊，那么我们怎样才能够更好地利用人工智能，使其真正为人类服务呢？

（二）人工智能的发展史

早在1956年，在达特茅斯学院举行的一次会议上，不同领域的顶尖科学家纷纷出席，包括达特茅斯会议发起人约翰·麦卡锡、人工智能与认知学家马文·明斯基、信息论创始人克劳德·香农等。会议正式确定了人工智能的研究领域，而与会者就是接下来数十年间人工智能领域的领军人物。其中有人预言，在不久的将来，人工智能机器人将与人类具有同等的智力水平。但后来科学家们发现自己大大低估了这一工程的难度，人工智能的发展并非一帆风顺，而是出现了好几次高潮和低谷。

1956—1970年被誉为人工智能的黄金时代。对许多人而言，这一阶段堪称神奇——计算机可以解决代数应用题、证明几何定理、学习和使用英语。但当时大多数人不相信机器能够如此智能。人工智能发展的第一次低谷出现在1969年，马文·明斯基称，第一代神经网络（感知机perceptron）并不能解决学习问题，人工智能仅停留在"玩具"阶段，远远达不到曾经预言的完全智能。由于此前过于乐观的预言使人们对人工智能的期待过高，当人工智能研究人员承认目标无法在短期内实现时，公众开始激烈地批评他们。美国政府和美国国家自然科学基金会大幅削减了人工智能领域的研究经费。20世纪70年代后，人工智能经历了10年左右的寒冬期。

直到20世纪80年代，人工智能进入第二次发展高潮。卡内基梅隆大学为日本DEC公司设计的XCON专家系统（专注于解决某一限定领域的问题，有2500条规则，专门用于选配计算机配件）为该公司一年节省了数千万美金。日本政府拨款8.5亿美元支持人工智能领域的科研工作，主要目标包括使人工智能能够与人交流、翻译语言、理解图像、像人一样进行推理演绎。但是随后研究人员发现，人工智能的专家系统通用性较差，未能与概率论、神经网络进行整合，不具备自学能力，且维护专家系统的规则越来越复杂。由于日本政府设定的目标未能实现，人工智能研究领域再次遭遇财政危机。1987年左右，日本人工智能硬件的市场需求突然下跌，因为科学家发现，专家系统虽然有用,但它的应用领域过于狭窄,而且更新迭代和维护成本非常高。尽管同期美国苹果公司和IBM公司生产的台式机性能不断提升,个人电脑的理念不断普及,然而随着日本"第五代工程"计划的黯淡收场,人工智能研究再次进入低谷期。

1993年至今,在摩尔定律的影响下,计算机性能有了大幅提高。云计算、大数据、机器学习、自然语言和机器视觉等领域发展迅速,人工智能迎来第三次发展高潮。摩尔定律起源于戈登·摩尔在1965年发表的一个预言,当时他看到因特尔公司做的几款芯片,认为18到24个月晶体管体积就可以缩小一半,个数可以翻一番,运算处理能力能翻一倍,而价格下降为之前的一半。没想到这样一个简单的预言成真了,在之后的几十年,芯片技术一直按这个预言的方向发展。

(三)人工智能如何影响设计

人工智能涉及的领域很广,本节结合人机交互的主题,讲一讲人工智能对人机交互和设计的影响。我们知道,设计的本质是为了解决问题,而开发人工智能的目的也是帮助人类解决问题,创造出类似人类思维模式甚至超越人类思维模式的解决方案。现阶段的人工智能还是弱人工智能,无法拥有人类的主观能动力,如感觉、感受、感想等,也不能通过跨领域的逻辑推理解决问题。但人工智能在运算速度、运算时间、记忆力、客观判断等方面已远超人类。

人工智能这几个方面的优势,可以为人机交互和设计带来许多便利。虽然弱人工智能缺乏对人类世界和社会文化环境的认知,更谈不上对美感的理解,但这并不影响人类可以教会机器"制造"美感。市面上的美颜相机、AI智能相机等产品,通过预设的规则和算法,可以在极短的时间内生成符合人类审美的照片,甚至能模仿著名绘画大师的艺术风格对图片进行加工处理。如图片处理应用Prisma通过人工智能深度学习,对绘画名作的特征进行分析,能把普通图片转化成名画风格的图片（图7.2）。

① 上传照片
点击开始上传想要处理的图片

② 选择风格
我们将提供多种预设艺术风格供你选择

③ 提交
系统根据图片生成具有艺术化效果的图片

图7.2　图片处理应用Prisma

图7.3　人工智能画作GAN

2018年10月，在纽约佳士得拍卖会上，一幅由人工智能创作的作品GAN（图7.3）以43.25万美元的价格成交。而同场拍卖会上，还有不少名家画作，但它们的价格都没有超过这幅人工智能画作。

阿里巴巴公司推出的鹿班系统通过使用人工智能技术，可以对图片进行快速、批量、自动化处理，大幅节省设计的人力成本，提高工作效率（图7.4）。

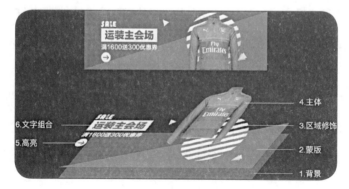

图7.4　鹿班系统设计

即使目前我们还处于弱人工智能时代,但人工智能已经可以通过系统性的学习,根据算法代替人类生产出规范化的产品。目前,人工智能的人机交互的主要应用场景有语音交互和人脸识别两大类,接下来我们以这两大类来分别介绍人机交互的设计原则和方法。

1. 语音交互

语言是人类独有的沟通交流方式。我们使用语音用户界面(Voice User Interface, VUI)进行沟通的频率越来越高,VUI的应用也越来越广泛,智能手机、智能家居、智能电视、智能音箱等产品当中都不乏VUI的身影。例如我们熟知的Siri、Google Assistant、微软Cortana、小米智能音箱、华为智能音箱等(图7.5)。

智能手机语音系统　　　　　　智能语音音箱　　　　　　带屏智能语音音箱

图7.5　各种智能语音设备

VUI是指通过声音或语音平台实现人与计算机之间的交互,从而启动自动化服务的一系列流程。在语音交互的过程中,VUI分为两个部分——语音交互对话部分和屏幕上的视觉反馈部分。其中,语音交互是主要的交互流程,视觉反馈则是为语音交互提供辅助功能。

在大多数情况下,语音是人类最自然的交流方式,因此VUI的优势很明显:

(1)输入效率高。相较于传统的键盘输入、手写输入,语音输入的速度至少是传统输入方式的3倍以上,能够大大节省输入时间,提高输入效率。

（2）解放双手、双眼接触的限制。在很多应用场景中，语音交互能够帮助我们快速达到目的。如开车时，驾驶员播放音乐、打开空调、关闭车窗，都可以通过语音控制完成。

（3）操作简单，学习门槛低。对于小孩、老人和一些视觉障碍人士来说，语音交互给他们带来了非常多的便利。他们不需要刻意学习，很自然地就可以与机器进行交互。

（4）情感化的传递。相对于文字而言，语音承载了更多的内容信息，如性别信息、年龄信息、思维信息等，机器可以根据这些额外信息给予使用者更情感化的反馈，而不是千篇一律的回复。

当然，除了以上优势，VUI也有不足：

（1）对环境的要求较高。我们生活在复杂的环境之中，当各种环境音和说话声掺杂在一起时，机器就需要更多的时间去处理和分析哪些是有用的信息、哪些是应该过滤的信息，这就会造成信息识别率下降，或者是反馈出错等问题。另外，VUI也不适合在公共场所使用，如图书馆、会议室等。

（2）易给用户造成心理负担。虽然语音交互的学习成本较低，但仍可能有一部分人不愿意对着机器去使用语音对话功能，尤其是身处比较开放又需要顾及个人隐私的场景。

（3）输出信号单一。目前的语音交互输出相对单一，不能像人与人之间正常交流一样产生对话流，只能执行命令和回答单一的信息。

谷歌公司在智能语音交互方面处于全球领先的地位，并针对VUI提出了一系列设计流程，这对于我们理解VUI设计来说非常有益：（1）明确交互的核心意图；（2）通过语义解析来识别意图；（3）在云端交互处理意图；（4）结合上下文的意图进行处理；（5）组织语言合成输出。经过这一系列的流程处理，人机对话的机制就形成了。

跟视觉界面设计一样，VUI设计也需要遵循一定的原则：

（1）保持简洁。人与机器的交流和人与人之间的交流不一样，人与人之间更注重对方的感受，而人使用机器更看重的是效率，因此设计VUI时要尊重用户的时间，只提供核心的使用路径。与视觉设计不同，VUI设计无法略过素材，所以应保留简短且重要的信息，让用户选择它们。

（2）考虑对话语境。人与人交流时会很自然地切换语境，我们知道如何跟不同的人在不同的地方以不同的方式进行对话。而机器是没有这种场景意识的，所以在人机对话的时候，设计师应让机器提前了解用户在哪里、他们正在做什么、他们所处的环境、他们期望完成什么任务，而不是给有经验的用户不断提供新手引导。

（3）提前设定好语音助手的"个性"。这样可以为对话添加人格化特征，但又不能太过，以免增加用户的时间成本。

（4）与用户进行轮流交谈。在用户说话时，语音助手不能贸然强行打断。如果是问用户问题，那就不要在他们回答的时候突然插入一些其他指令。

（5）不要随意猜测用户的意思。机器是为人类而造的，人类不是为机器而造的。机器应根据人类的需要改变它们的行为，避免在VUI中传授指令，不要随意猜测用户的意思。

（6）对话不存在"出错"的概念。人的表达存在各种各样的情况，所以不管用户说什么，不要把它当成错误来处理，而是要考虑如何把它转变为机会，去推进更加顺畅自然的沟通。

VUI中的视觉界面设计相对语音交互设计来说要简单。它可以辅助语音交互，为语音交互提供文字、图形、视频等信息。设计对象主要包括语音助手、带屏智能音箱、智能电视、车载屏幕等视觉设计容器。视觉设计容器可以分为全屏视觉容器和非全屏视觉容器（图7.6）。全屏视觉容器：语音交互界面与其他界面分开，避免其他信息打扰，可以让用户更加沉浸于人机对话，大多应用于带屏智能音箱、车载屏幕等。非全屏视觉容器：在不打断当前屏幕内容的同时，唤醒智能语音助手，在视觉上不做隔断，或者以卡片的形式展示对话内容,大多应用于智能手机。不管是全屏或是非全屏的视觉容器,它们本质上是没有区别的,都不能在人机对话的同时处理其他信息,其数据和交互任务基本做不到互通,所以设计师只需要从使用场景和视觉上考虑,完成设计。

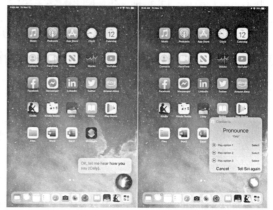

图7.6　全屏视觉容器和非全屏视觉容器

总而言之,语音交互设计需要考虑语音助手的声音、特点、场景等内容,同时也要考虑语音助手的视觉界面设计,给予用户充分的信息反馈。

2. 人脸识别

人脸识别是一种依据人的面部特征,自动对人进行身份识别的一种生物识别技术,又称人像识别、面孔识别、面部识别等。通常我们说的人脸识别是基于光学人脸图像的身份识别与验证的简称。其实人脸识别早在1950年代就被发明出来了,但它在很长一段时间只处于几何特征阶段,可靠性比较低。直到1990年代,人脸识别才开始迅速发展,从几何特征阶段过渡到表象特征阶段。目前,人脸识别已经达到纹理特征阶段,可靠性和安全度更高,实际应用的场景也越来越多,大多都跟人们的生活息息相关,也在很大程度上改变了人们的生活习惯(图7.7)。例如,我们去麦当劳这样的快餐店的时候,可以通过机器自助点餐,刷脸支付。又如乘客在火车站进站时,可以通过刷身份证和人脸识别进行双重认证,实现安全快速进站。除此以外,人脸识别在金融、医疗、美妆、新零售、安防、公安等领域都获得了广泛的应用。

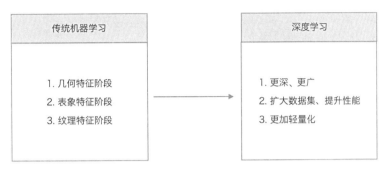

图7.7　人脸识别发展轨迹

　　人脸识别利用摄像机或摄像头采集含有人脸的图像或视频，并自动在图像中检测和跟踪人脸，然后对检测到的人脸图像进行一系列的相关操作。

　　人脸识别的特点有：

　　（1）便捷性。人脸跟指纹、虹膜一样是生物特征，人们在进行人脸识别时，仅利用脸部即可，不需要携带身份证之类的额外的东西。

　　（2）无接触性。人们不需要跟设备进行接触就可以进行人脸识别。另外，识别的过程不需要人们刻意的配合，只要摄像头拍摄到人脸，就可以对其进行识别。

　　（3）并行处理。一张图像里如果有多张人脸，可以同时处理，不需要一个一个来识别。

　　基于以上特点，人脸识别有如下设计原则：

　　（1）渐进式交互设计。用户与人脸识别机器进行交互的过程，是无接触、无对话、无感知的过程，机器将自动识别，并进行数据处理与数据反馈。因此人脸识别机器通常设置在人的行进路线上，方便人走到机器面前时机器能够给出明确的反馈信息。

　　（2）建立多通道的反馈机制。由于人脸识别具有无接触的特性，因此机器给予的反馈应该更加及时。与界面视觉提示相比，语音反馈能够进一步明确交互的结果。但需要注意，语音反馈的时间不能过长。例如乘客在乘坐公交车刷卡时，依靠"滴"的一声提示音，就能够知晓已经刷卡成功，而不需要反复确认，人脸识别的反馈亦是如此。

（3）确定人脸的识别程度。在人脸识别过程中，用户更倾向于在屏幕上看到自己的脸，以确认自己是否已经进入识别区域，同时也能够实时掌握自己的识别程度，增加用户的控制感，而控制感能显著提升用户的使用意愿。但需要注意，设计时应该考虑不同的使用场景和安全级别，确认人脸显示的面积大小。环境相对开放、人流量大的公共场所，适合使用小面积的人脸展示，以免泄露用户的个人信息。

（4）情感化设计。人脸识别的目的是快速无感知解锁，往往容易忽略用户的使用体验。如果在设计中添加美颜效果，对于用户来说，会隐形增加他们的好感度和使用满意度；或者加入配合场景的元素，如在节日或特殊活动中，加入带有AR贴纸的装饰不仅能够增加刷脸的趣味性，还能提升用户的使用意愿。

以某个人脸识别售货机为例，具体体验如下：

（1）页面中提示刷脸支付的优势以及支付的流程，让用户对刷脸支付有明确的心理预期（图7.8）。

图7.8 刷脸支付首页

（2）自动售货机所处的环境是公共场合，在该场景下使用人脸扫描技术时，人脸展示面积应该较小，并做虚化处理，同时为用户提供安全提醒，让用户内心得到安全保障（图7.9）。

图7.9　刷脸验证提示信息

（3）识别人脸后，屏幕上显示"开锁中"的反馈，可以减少用户等待的焦虑情绪（图7.10）。

图7.10　开锁中信息反馈

（4）解锁后，用户取出商品，屏幕上显示订单生成信息，反馈清晰明了，没有过多的干扰因素（图7.11）。

图7.11　订单生成信息反馈

（5）机器识别好货品后，用户可以直接结算。商品名称、数量、价格等一目了然。屏幕上显示的结算倒计时能够给予用户明确的时间预期（图7.12）。

图7.12　等待结算信息反馈

（6）支付成功反馈，整个购买流程顺畅自然，用户没有过多的学习成本（图7.13）。

图7.13　支付成功信息反馈

　　总结一下，人脸识别相对于传统的人机交互来说，具有无接触、无对话、无感知等特征，流程看似简单，但在实际设计过程中需要考虑的因素更多。如给用户提供及时明确的反馈、用户在公共与私密场景中使用时的不同心理需求等。因此，设计师应从技术、受众、环境三个角度出发进行设计，进一步提升用户体验。

二、智能汽车

　　什么是智能汽车？在追逐疑犯的过程中，警官迈克通过语音指令让汽车自动接管驾驶，自己爬上车顶，跳向歹徒驾驶的货车，通过与汽车的密切配合，顺利把歹徒制服。这是1982年美国电视剧《霹雳游侠》中的一个片段，电视剧中的汽车叫KITT，它不仅是一辆汽车，更是一台能够像人类一样思考和说话的人工智能机器。KITT知识渊博，上知天文下知地理，并且十分幽默，能够替主人出各种主意，排忧解难。这是人们对于智能汽车的想象，同时也是人们对智能汽车的憧憬（图7.14）。

图7.14　《霹雳游侠》中KITT跑车的驾驶舱

　　智能汽车是搭载先进的车载传感器、控制器、执行器等装置，并融合现代通信与网络技术，具备复杂环境感知、智能决策、协同控制等功能，可实现安全、高效、舒适、节能行驶，并最终实现替代人来驾驶的新一代汽车。国际汽车工程师学会（SAE）修订版J3016（TM）《标准道路机动车驾驶自动化系统分类与定义》显示：L3—L5级别的汽车为智能汽车，级别越高，自动化程度越高。L5级别属于完全自动驾驶，可由无人驾驶系统完成所有的驾驶操作。根据目前智能汽车的技术发展情况来看，智能汽车还属于L2到L3级别的发展阶段（图7.15）。

SAE自动驾驶分级	Level 0	Level 1	Level 2	Level 3	Level 4	Level 5
名称	无自动化	驾驶支援	部分自动化	有条件自动化	高度自动化	完全自动化
定义	由人类驾驶员全权操作汽车，在行驶过程中可以得到警告和保护系统的辅助。	通过驾驶环境对方向盘和加减速中的一项操作提供驾驶支援，其他的驾驶动作都由人类驾驶员进行操作。	通过驾驶环境对方向盘和加减速中的多项操作提供驾驶支援，其他的驾驶动作都由人类驾驶员进行操作。	由无人驾驶系统完成所有的驾驶操作，根据系统请求，人类驾驶员提供适当的应答。	由无人驾驶系统完成所有的驾驶操作，根据系统请求，人类驾驶员不一定需要对所有的系统请求作出应答，限定道路和环境条件等。	由无人驾驶系统完成所有的驾驶操作，人类驾驶员在可能的情况下接管，在所有的道路和环境条件下驾驶。

图7.15　智能汽车级别分类

（一）智能汽车的人机交互和界面设计

汽车作为全民出行的重要交通工具，影响着人们生活的方方面面。互联网的快速发展带动了汽车产业的升级，汽车从原来的独立的工业产品，逐渐变成除手机之外的又一个新的移动终端，人们开始重新考虑人与汽车之间的交互设计。在2018年世界人工智能大会主论坛上，上汽集团董事长认为，未来的汽车将不再是功能单一的交通工具，而是一个智能移动空间。吉利集团董事长认为，汽车将不再是轮子加沙发的交通工具，而是兼具办公、家居、娱乐休闲等功能的智能移动终端。服务空间的概念是智能汽车和传统汽车最大的差异，所以智能汽车的人机交互比传统汽车需要考虑的因素更多。除了屏幕显示、内容展示、信息反馈以外，使用场景、环境变化、灯光声效等也需要重点考虑。

最早的汽车交互界面视觉显示是机械式，直到20世纪90年代，真空荧光显示器和液晶显示器才逐渐普及。经过多年的发展，电子显示已经成为时代主流，汽车的液晶显示屏幕从6寸慢慢发展成17寸甚至更大，因此可操作的空间也更多。车内屏幕显示的信息已经远远超过了驾驶汽车本身需要的信息，娱乐、资讯、社交等信息大量出现在屏幕上。

从目的上来看，车机界面设计和移动设备界面设计有相同的地方，也有不同的地方。无论是什么设备，都需要遵循可用、易用、流畅等设计交互原则，但是受到使用场景、信息获取以及位置的影响，汽车的人机交互不能像移动设备（如手机）一样，让人们把注意力完全放在屏幕上，汽车的屏幕信息展示应以驾驶信息为主（图7.16）。

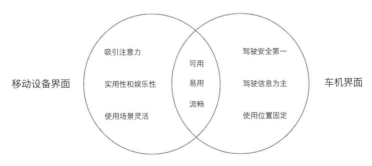

图7.16　移动设备界面与车机界面对比

驾驶室内人机工程布局，应以驾驶员为中心，距离驾驶员最近的区域与驾驶控制相关，比如方向盘中的控制按键、仪表区、抬头显示（HUD）等。距离驾驶员稍远的是驾驶员使用频率较低的区域，如中控屏幕区、快捷控制区、盲操区（图7.17）。

图7.17　驾驶室内人机工程布局

最佳视野区：一般放抬头显示，驾驶员不需要低头就能看到当前车速和导航，并且不会遮挡前方路况，帮助驾驶员获取驾驶信息、辅助驾驶信息等。这个区域一般显示精简的、与驾驶紧密相关的重要信息。

仪表区：重点展示与驾驶强相关的状态，比如时转速、挡位、油、电、水、液、胎、门、锁等。除此之外，仪表区也慢慢从机械仪表发展成液晶仪表，有的智能汽车还可以显示地图和导航信息。与驾驶相关的信息，应该尽量集中在驾驶员眼睛转动15°的区域内为宜。

黄金按键区：驾驶员的双手不离开方向盘就可以快速且准确操作的区域。这个区域原则上应该布置与驾驶强相关的按键或滚轮。目前的常见做法是设置控制仪表、控制媒体播放、接挂电话、启用辅助驾驶系统等。

中控屏幕区：大多数的汽车主系统都布置在这个区域。这个区域一般按照左侧为最佳操作、右侧为最佳显示的逻辑进行设计。

快捷控制区：这个区域的视野比较差，但是操作便利性较好，适合低频的短期操作，比如空调控制、座椅通风加热等设置。

盲操区：这个区域主要是挡位区域，不需要驾驶员低头看即可完成操作，所以称为盲操区。

在未来较长的一段时间内，智能汽车仍无法实现完全的自动化，驾驶行为依然是智能汽车人机交互设计的关键。抬头显示以及仪表区是驾驶员获得驾驶信息的重要途径。即使是未来实现了全自动驾驶，驾驶员仍然有很多通过前挡风玻璃以及车内屏幕获取信息的诉求，所以抬头显示及车内屏幕具有较大的设计空间。

（二）智能汽车人机交互设计准则

智能汽车人机交互设计最重要也是最基本的要求是安全。驾驶员只要在驾驶过程中，就只能短时间（最好3秒内）与车机进行交互，否则将会带来安全隐患。这就要求汽车的信息布局、交互设计、功能逻辑都必须在极短的时间内以清晰的方式呈现。国内的汽车驾驶室都在左侧，屏幕在驾驶员的右侧，所有操作都要放在驾驶员更容易操作的位置，并且离驾驶员越近，操作难度越低，安全性越高。换句话说，汽车屏幕界面的设计应保证所有的高频功能都尽可能地靠近驾驶员，重点操作功能应集中在屏幕的左侧区域（图7.18）。

图7.18　汽车中控屏幕区

在驾驶过程中,驾驶员大多数的精力集中于正前方,因此不管是抬头显示还是中控屏幕,都要尽可能减少对驾驶员的干扰。日间行驶的时候,屏幕可能被阳光反射得看不清楚,这就需要考虑让界面交互有更强的识别性。夜间行驶的时候,如果车内屏幕过亮,将影响驾驶员的视线,所以夜间最好将界面自动切换为夜间模式,适当降低显示内容的对比度和颜色的纯度。总而言之,设计师要做简化处理,以便让驾驶员能够在最短的时间里找到相应的内容(图7.19)。

图7.19　内容信息简化

汽车内的操作方式主要有两种:语音操作和手势操作,两种方式各有利弊。车内是一个密闭的空间,环境相对安静,语音操作不容易受到外界干扰,识别相对准确,是在车载场景下最有优势的交互方式。与手势操作相比,语音操作更安全。但语音操作也有一定的弊端:由于信息必须一句一句输出,而人与系统交互时通常是调动短时记忆,能记住的信息只有15秒左右,所以驾驶员可能发生这样的情况:在进行多步骤、多选项任务时,系统还没有说完选项,驾驶员已忘记前面的内容。手势操作如今也很常见。我们在平板电脑上操作,就是手指接触屏幕的手势操作。宝马的iDrive车载交互系统可让驾驶员通过手势操作特定的功能,如驾驶员在中控屏幕区进行"滑动"或"点击"就可以接听或拒听来电;驾驶员用单指进行圆周操作可以控制音量(图7.20)。手势操作的缺点在于进行准确性更高的操作时,需要分散驾驶员一部分的注意力,在高速行驶的情况下带来一定的安全隐患。

图7.20 车内手势操作

由于驾驶场景的特殊性，车载系统的内容层级应该主次分明，并且尽可能地精简，最好不要超过三个层级（图7.21）。降低交互信息密度，不要让驾驶员花费过长的时间搜索信息。

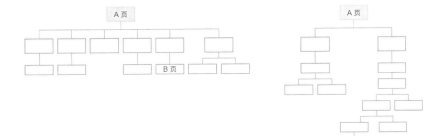

席克定律

一个人面临的选择（n）越多，所需要作出决定的时间（T）就越长，且满足 $T=a+b\ \log2\ (n)$

交互成本过高，可用性差

预期效用 = 预期收益 - 预期交互成本
用户逐级递进还必须逐级回退
每一次交势必伴随流失

图7.21 交互层级尽量不要超过三个

越来越多的汽车从单一屏幕向多屏幕发展，包括仪表盘屏幕、中控导航娱乐屏幕、副驾驶娱乐屏幕、下方车辆控制屏幕、交互机器人等。这些屏幕之间需要无缝连接和切换，并要照顾到不同用户的多种使用场景。不同屏幕之间需要保持信息同步，重点信息至少要在一个屏幕中突出显示，但又要避免信息过于重复。当然，不同的车型屏幕有不同的设计方案，没有唯一的设计标准，只是基本上会遵循这些原则。多屏幕互动是未来汽车的发展趋势，也是车载交互的难点之一。

（三）智能汽车未来的发展趋势和挑战

智能汽车未来将让用户拥有多通道融合的交互体验，即将人的多个感官通道（视觉、听觉、嗅觉、触觉、味觉、躯体感觉等）融合在一起，与产品或系统产生交互行为，用户就可以全方位、立体、综合地感知、操作和体验产品，进而形成对产品的全面认知（图7.22）。以音乐播放为例，传统的车载音乐播放需要驾驶员通过按键、旋钮、触屏等来操作来实现交互。而在多通道融合的交互中，车辆可以识别用户的脸和声音，甚至是用户当前的情绪，以判断用户的指令，并作出合理的反馈。比如根据用户的情绪、喜好以及使用场景，为用户提供定制化的歌单。

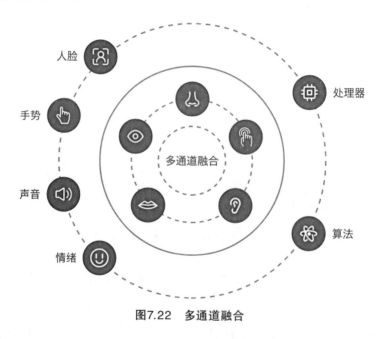

图7.22　多通道融合

多通道融合设计将超越以视觉为基础的传统设计模式（界面、光效、造型等），形成新的体验设计范式。设计师需要在未来的汽车人机交互设计中,了解和掌握不同的设计方法,以适应科技的快速发展。多通道融合设计的一个核心就是超越不同的感知通道,实现不同通道的融合。移情作为通感设计的常用方法,要求设计师站在用户的角度思考产品的深层体验问题,设计时做到"以人为中心"而不是"以产品为中心",这种方法将在多通道融合的通感交互体验设计中发挥巨大作用。

随着人工智能的进一步发展,未来的智能汽车将像人类一样理解和思考,并在此基础上,实现智能情感交互。智能汽车不仅仅是执行用户的指令,还可以和用户进行交流。智能汽车将来应该能够胜任一些需要人类智能才能完成的复杂工作,以更高效的方式帮助驾驶员完成驾驶任务,并通过交流互动满足驾驶员和乘客提出的各种需求。

三、智能穿戴设备

国际数据公司IDC的数据显示,2020年全球智能穿戴设备的市场规模已达到4.45亿部,较2015年的0.78亿部实现了快速增长。随着技术的进一步成熟,消费电子领域涌现出一批以智能手表、智能手环等为代表的智能穿戴设备。它们功能多元化、品种多样化,成为消费电子行业新的增长点。智能穿戴设备在社交、商务、导航、医疗健康等领域已有众多应用,并在不同的应用场景中给人们的生活带来改变。

(一)智能穿戴设备的优势

相比于常用的手机等智能设备,智能穿戴设备具有自己的特征与优势:(1)智能穿戴设备的形态和功能各不相同,用户可同时使用多种设备,如眼镜、手表、跑鞋等;(2)智能穿戴设备直接与用户接触,与用户的联系更为紧密;(3)智能穿戴设备操作方式多样化,不局限于双手操作,意念控制、眼球控制、体感控制、动作感应等都是智能穿戴设备接受用户指令的方式。

（二）智能穿戴设备的分类

2015年苹果公司正式推出Apple Watch，紧接着华为公司和HTC分别发布Huawei Watch、Grip健身手环等新产品，智能穿戴产品变得愈加智能、时尚、种类丰富。智能穿戴设备按照穿戴部位的不同，可以分为头颈类、上肢类、躯干类、下肢类等四大类。

头颈类智能穿戴设备，主要有虚拟现实类和增强现实类智能眼镜。这些设备可以将影音、游戏、信息、图片等内容投影在眼镜上，形成一个虚拟环境，用户通过语音、手势、眼球对设备进行操控。代表产品有Meta公司（前身为Facebook公司）的Oculus VR一体设备（图7.23）、谷歌公司的Google Glass眼镜，以及苹果公司2023年6月发布的Apple Vision Pro。

图7.23　Oculus VR一体设备

上肢类智能穿戴设备，主要有智能手表、智能手环等。除了传统手表具有的显示时间和闹钟提醒功能，这些设备可以通过各类传感器实时检查使用者的心率、脉搏、血氧、呼吸、房颤等，时刻关注使用者的健康，并将数据及时同步至互联网，建立反馈提醒机制。这些设备如果连接手机，还可以进行地图导航、手机应用操作、拍照遥控等。代表产品有Apple Watch、Huawei Watch（图7.24）、小米Watch以及三星Galaxy Watch等。

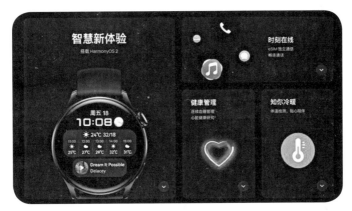

图7.24　Huawei Watch3智能手表

　　躯干类智能穿戴设备，主要有全身外骨骼和智能仿生衣物等。这些设备可以穿戴于人体躯干，通过电子、机械、液压等技术，辅助增强人体的机能或实现某种特定功能（图7.25）。2018年8月，美国麻省理工学院团队成功将发光二极管和传感器编织入纺织级聚合物纤维中。这些面料未来可用于通信、照明、生理监测等方面。

视频与生理信号同步采集，使您的运动不但"形似"，而且"神似"
Video synchronization with the physiological signal acquisition. Give you insight into your exercise.

图7.25　智能仿生衣物

下肢类智能穿戴设备，主要有下肢外骨骼和智能鞋垫等。下肢外骨骼可以辅助增加穿戴者的下肢力量，分担他们的体能消耗。如Bionic boot采用仿生学原理，模仿鸵鸟和袋鼠的肌腱结构，在靴筒外部设置多根弹性支架，让人弹跳得更高，步幅更宽，跑动起来更快（图7.26）。哥伦比亚一家公司发明的智能鞋垫Save One Life，可以通过感应周围大型金属与其产生的电磁场来提醒士兵改变行进路线（比如避开地雷）。

图7.26　Bionic boot仿生外骨骼

（三）智能穿戴设备的界面设计

在众多的智能穿戴设备中，智能手表和智能眼镜最贴近人们的生活，同时在人机交互方面有更多的发展可能。以下围绕智能手表这一个种类来展开介绍。

1. 智能手表的发展简史

1972年，Hamilton Inc.和Electro/Data Inc.开发了世界上第一款数字手表——名为Pulsar的LED工程机。1983年，精工公司发布了著名的T001智能手表，这只手表曾在007系列电影《八爪女》中出现。手表与便携式电视接收器相连，屏幕被分成两个独立的区域。上面部分包含标准手表功能，例如显示时间，下面部分则用于视频输出。虽然视频质量很差，但这在当年已经是领先的设计。1994年，Timex Datalink成为首款能够从计算机无线下载数据的手表。它由微软与Timex公司共同开发，设计非常巧妙，手表内嵌的传感器可以对信息进行编码并传输。1998年，发明家史蒂夫·曼恩（Steve Mann）设计和开发了第一款Linux智能手表。这款手表发布之后，他被誉为"智能穿戴计算之父"。1999年，三星公司率先开发了具有电话功能的手表——SPH-WP10。它配备单色LCD屏幕，并具有集成扬声器和麦克风，可以实现90分钟的长时间通话。2004年，微软公司尝试通过智能个人物品技术（SPOT）进军智能手表市场。这个项目实际上是智能穿戴设备和物联网的先驱，旨在使技术朝着个性化方向发展。但不幸的是，微软公司在此过程中作出了一些错误的决定，比如将网络封闭到自己的生态系统中，致使项目走向失败。2012年，Pebble的出现成为现代智能手表历史上的新起点，改变了智能手表领域甚至智能穿戴设备的市场。2013年，Omate成为第一家真正设计独立智能手表的公司。所谓的"真智能"（True Smart），是指智能手表可以完全独立拨打电话、使用地图和Android应用程序。2015年，苹果公司正式推出Apple Watch，直到2022年，Apple Watch已经发展到了第8代。

2. 智能手表的应用场景

智能手表是具有信息处理能力、符合手表基本技术要求的手表。智能手表可以通过智能手机或家庭网络连接互联网，显示来电信息、微博、新闻、天气信息等内容。按照目标人群划分，智能手表目标人群涵盖儿童、中青年人和老人等多个年龄层次，不同年龄段使用智能手表的场景不同。儿童智能手表侧重于语音通话和安全防护，除了时间显示和基本的通信功能，还要方便孩子与家长之间取得联系。有的儿童手表有精准的定位功能，能够查看孩子的活动轨迹，并附带一键呼救等功能，尽可能帮助家长确保孩子的安全。中青年人智能手表侧重于运动监测和健康监测，可提供心率监测、久坐提醒、喝水提醒等方面的服务，并实现音乐播放、手表支付等功能，让用户摆脱手机的束缚。老人智能手表侧重于健康管理，包括心率监测、跌倒监测、一键呼救等功能。另外，精准的定位也可以为老人出行提供保护。

3. 智能手表的优势和局限性

众所周知,智能手表是最贴近人体的智能设备之一。通过内置的多种不同传感器、写入功能和一系列专业的后台算法,智能手表能提供更丰富、更准确的健康数据与运动记录等信息(图7.27)。算法最终呈现的,不仅在于告诉用户今天消耗了多少卡路里,还可提供更高阶的数据,如身体每天的压力指数、睡眠质量、刚结束的运动训练强度和运动质量分析、运动时的最大摄氧量,等等。这些都是其他移动设备不具备的功能。

智能手表的功能通常有以下几点:

(1)依靠心率监测用户的身体变化;

(2)通过基础公式和算法得出用户在运动过程中卡路里的消耗情况;

(3)通过定位获取用户行动记录,并提供安全保障;

(4)消息联动,用户不方便使用手机时,可以通过智能手表处理信息并获得反馈;

(5)提供日常便捷记录功能,如记事本、计算器、录音等功能;

(6)提供简单的娱乐功能,如听歌、听广播等;

(7)提供便捷的移动支付功能。

MARQ系列 ▸ FENIX系列 ▸ FORERUNER系列 ▸ 本能系列 ▸

智能时尚腕表 ▸ 高尔夫腕表 ▸ 潜水电脑表 ▸ 航空腕表 ▸ 军迷战术腕表 ▸

游泳专用腕表 ▸ 骑行训练 ▸ 手持式GPS仪表 ▸ 车用导航记录仪 ▸ 配件 ▸

图7.27 智能手表的功能

智能手表虽然有不错的便携性，但也缩小了屏幕的尺寸、减少了电池的容量、减少了续航时间，以增加人体佩戴的舒适性。现阶段的智能手表并不能完全替代手机，更多的是辅助手机来使用或是用于扩展手机以外的功能。智能手表替代手机还需要一定的时间。

4. 智能手表的人机交互设计

智能手表已经成为继手机之后，用户生活中比较重要的贴身辅助设备。智能手表相比其他大屏幕移动设备具有独特的应用场景，设计师需要结合产品小而轻的特征做场景适应性分析。智能手表受时间、空间影响较少，有利于及时提醒用户关注相关的消息。因此智能手表作为其他移动设备的补充和延伸，在具体的应用设计中，需要根据设备的尺寸大小和使用场景做轻量化定制，满足界面易浏览、交互流程易操作等特性。另外，移动设备和智能手表之间往往是联动的，设计师除了要考虑界面交互视觉的一致性以外，还要关注用户在执行单任务或多任务时，各端的连续性反馈。

表盘作为智能手表的主界面，承担了显示信息和功能应用入口的作用。用户通过触控屏幕和实体按键进行组合操作。相比于智能手机，智能手表的功能和交互方式更加简单，更加扁平化。

智能手表需遵循一定的规范进行架构（图7.28）。除了上下左右滑动的交互操作以外，还有侧边按键对应的多应用架构。用户主要的操作都能够通过简单的步骤快速完成。

智能手表的层级由父页面和子页面组成。父页面可以有一个或多个子页面。层级导航承担着入口引导作用，清晰和一致的路径可以让用户在小屏幕上操作时，知道自己正处于什么界面，以及操作后将跳转到什么界面。在实际的设计中，建议简化层级结构，连续跳转的层级导航不超过4次（图7.29）。

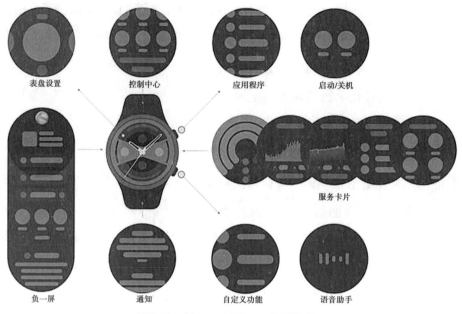

图7.28　Huawei Watch交互流程

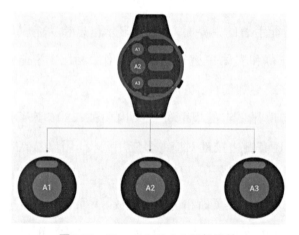

图7.29　Huawei Watch层级导航

　　智能手表中的应用大多需要连接手机之后才可以使用。即便连接了手机，手表显示的内容也不是完整的。以地图应用为例，手机上的地图应用包含地图信息、导航信息、周边商家信息等，而智能手表的地图应用则做了大量简化，只提供步行导航信息，以图标搭配文字的形式展现（图7.30）。

手机地图导航　　　　　　　　　　　　手表地图导航

图7.30　手机地图导航和手表地图导航

设计智能手表应用，除了要考虑交互设计、视觉设计以外，还要考虑电池损耗、安装包大小、手表硬件性能、应用流畅性等。由于体积和硬件的局限性，智能手表不能像其他移动设备一样做到高性能和长续航，所以智能手表的应用设计要有所取舍，尽量达到便携性和功能性的平衡。

四、元宇宙

元宇宙（Metaverse）的概念诞生于1992年著名的美国科幻作家尼奥·斯蒂文森撰写的《雪崩》（图7.31）。书中描述了一个平行于现实世界的虚拟世界，一个现实人类通过VR设备与虚拟人共同生活在虚拟空间中。元宇宙的英文Metaverse由Meta和Verse两个词根组成，Meta表示"超越""元"，verse表示"宇宙universe"。

说到虚拟世界，人们马上会联想到一部经典电影——由美国导演史蒂文·斯皮尔伯格执导的《头号玩家》（图7.32）。在电影中，人们只要戴上

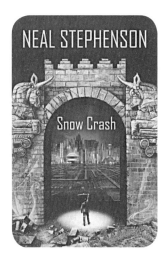

图7.31　尼奥·斯蒂文森的《雪崩》

VR设备，就可以进入一个与现实有强烈反差的虚拟世界。在这个世界中，有繁华的都市与形象各异、光彩照人的玩家，不同次元的影视游戏中的经典角色也可以在这里齐聚。

图7.32　电影《头号玩家》剧照

（一）元宇宙的发展历程

第一个阶段：虚拟现实和增强现实技术的发展为元宇宙的形成奠定了基础。这些技术使用户能够与计算机生成的虚拟环境进行互动，并将数字内容与现实世界进行融合。1965年，计算机图形学之父伊凡·苏泽兰（Ivan Sutherland）发表论文《终极的显示》（*The Ultimate Display*），描述了他对未来计算机系统的设想，包括全息显示、触觉反馈、虚拟现实等。三年后，他发明了世界上第一台虚拟现实头盔显示器，奠定了三维立体显示技术的基础，并对虚拟现实和元宇宙的发展产生了深远影响。1984年，VPL公司创始人杰伦·拉尼尔（Jaron Lanier）首次提出了虚拟现实（Virtual Reality）的概念。1990年，在美国达拉斯召开的SIGGRAPH国际会议，首次用三个构成技术对虚拟现实进行了定义。这三个构成技术分别是：三维图形生成技术、多功能传感器的交互式接口技术以及高分辨率显示技术。

第二个阶段：游戏是理解元宇宙的起点，并成为人们在虚拟空间中交流和互动的重要手段。网络平台为用户提供了共享内容、社交互动和使用虚拟身份的机会。1994年，Web World的技术突破，促使第一个轴测图界面的多人社交游戏诞生，用户在游戏中可以实时聊天、旅行、改造世界，开启了游戏中的UGC模式。1995年，Active Worlds上线，这是基于前面所说的科幻小说《雪崩》创造的。它以创造一个元宇宙为目标，并提供了基本的内容工具来改造虚拟环境。2003年，第一个现象级的虚拟世界游戏*Second Life*发布，它拥有更强的世界编辑功能和发达的虚拟经济系统，人们可以在其中社交、购物、建造、经商等。

第三个阶段：随着元宇宙概念的普及，各种元宇宙平台开始兴起。这些平台提供了创建、开发和探索元宇宙的工具和资源，为用户和企业提供了参与元宇宙建设的机会。2010年，帕默尔·拉奇（Palmer Luckey）发明Oculus Rift，这是虚拟现实头盔的第一个原型机，为虚拟现实的普及和商业化铺平了道路。2014年，Facebook用20亿美元收购了Oculus公司，推动了VR技术从学术研究和高端行业应用向大众需求和泛行业发展。2016年，世界上最大的多人在线游戏创作平台Roblox宣布登陆Oculus Rift平台。用户可以在平台上设计自己的VR游戏。2021年，Roblox将元宇宙写入招股说明书，它是首个在招股说明书中提到"元宇宙"的公司。2021年也被称为"元宇宙"元年。2023年，苹果公司发布了一款革命性的空间计算机Vision Pro，可将数字内容与物理世界无缝融合，并重新定义交互范式，开启了人机交互新时代。

元宇宙的发展历程，仿佛与电子游戏息息相关，但元宇宙并不等于电子游戏。元宇宙可以是由开放式任务、可编辑世界、AI内容生成、经济系统、化身系统、去中心化认证系统等多种元素构成的虚拟与现实相融合的世界。

随着研究的不断深入、人们生活水平的不断提高，越来越多的科学技术应运而生。元宇宙的爆发跟以下三个方面有着紧密的联系：

第一，技术领域渴望新产品。随着5G的到来，网络数据开始驶向快车道,区块链、云计算、大数据、AI技术等都希望有落地的场景与应用场景。

第二,资本市场寻找新出口。移动互联网给人们的生活带来了翻天覆地的改变,在互联网市场日益饱和的今天,资本需要寻找更多的可能性,元宇宙就通过现实叠加虚拟技术打开了新的广阔的商业版图。

第三,用户体验有新期待。受到新冠肺炎疫情的影响,几乎所有行业人员都经历了居家办公,在线办公软件的使用率迎来了爆发式增长,但同时用户也体验到在线办公软件中存在的不少问题,所以用户期待体验更好的多人协作、高沉浸度社交、拟真世界等功能。

(二)实现元宇宙的八大要素和支撑元宇宙的六大技术

按照"元宇宙第一股"Roblox公司的说法,一个真正的元宇宙产品应该

图7.33 元宇宙的八大要素

具备八大要素:身份、朋友、沉浸感、低延迟、多元化、随地、经济系统、文明(图7.33)。

身份:用户拥有一个虚拟身份,它可以与现实身份一样,也可以与现实身份无关。如这个虚拟身份可以是超级明星,也可以是某个卡通动画中的人物。

朋友:用户可以在元宇宙中拥有真人或者虚拟朋友,可以与各种各样的朋友社交,无论他们在现实生活中是否真的认识。

沉浸感:用户可以完全沉浸在元宇宙的体验中,这是元宇宙最让人有直观感受的部分。如电影《头号玩家》《失控玩家》里的生活场景就带给观众很强的沉浸感。

低延迟:一方面是指网络通信的延迟少,这是由5G技术的突破获得的技

术支持；另一方面是指硬件设备本身的延迟少，使用户使用设备时能获得流畅的体验。

多元化：用户可以改变、影响或创造元宇宙世界。有了这样的开放能力，新内容就会被不断地被创造出来，最终实现多元化。

随地：这既是对网络连接便捷性的要求，也是对网络设备轻便性的要求。用户可以随时随地登录元宇宙，不受空间限制。

经济系统：这是指虚拟世界的社会属性。在元宇宙中，用户可以通过某些途径和活动获得经济收入，并用其进行消费。元宇宙应该有自己的经济系统。

文明：当加入元宇宙的人达到一定量级后，再利用其开放、多元的基础设施，发展出各具特色的虚拟文明、数字文明。

以上八大要素需要依靠多种技术来支持与实现，分别是区块链技术（Blockchain）、交互技术（Interactivity）、游戏技术（Game）、人工智能技术（AI）、网络技术（Network）、物联网技术（IoT）。它们就是元宇宙六大技术（图7.34），由每个技术里的一个字母组成的单词BIGANT，也叫"大蚂蚁"。在元宇宙世界里，每个人就像一只蚂蚁徘徊在这个丰富多彩而又孤寂的虚幻之境。从这里我们可以看到，元宇宙是用现在流行的技术拼出来的一个很大的版图，这些技术整合在一起以后为未来科技的发展提供了更多想象空间。

图7.34 支撑元宇宙的六大技术

区块链技术：NFT、DeFi、智能合约、DAO社交体系、去中心化交易所、分布式存储等区块链技术是支撑元宇宙经济系统的重要技术。这些技术可以保障元宇宙的虚拟资产和用户虚拟身份的安全，并且保障虚拟空间里交易的公平性和合法性。

交互技术：交互技术持续迭代升级，为元宇宙用户提供了沉浸式虚拟现实体验。VR等显示技术让用户有身临其境的感觉；AR头显以现实世界的实体为主题，借助数字技术帮助用户更好地探索现实与虚拟世界；MR头显将虚拟物体置于现实世界中，让用户可以与虚拟物体进行互动；全息影像技术让用户不用穿戴任何设备，就可以裸眼实现现实与虚拟世界之间的互动。

游戏技术：游戏是元宇宙的呈现方式，它交互灵活、信息丰富，为元宇宙提供了创作平台，支持多种交互场景并实现流量聚合。游戏技术为元宇宙展现各种数字场景提供了至关重要的技术支持。

人工智能技术：人工智能技术可以让元宇宙中所有系统和角色达到超过人类学习水平的目标，极大地影响元宇宙的运行效率和智慧程度，为元宇宙大量的应用场景提供技术支撑。

网络技术：通信网络和云游戏的发展成熟，夯实了元宇宙网络层面的技术基础。5G、6G技术将为元宇宙提供高速、规模化的网络接入与传输通道，为用户带来更流畅的上网体验。

物联网技术：物联网技术为元宇宙万物连接及虚实共生提供可靠的技术保障，保证底层数据的可追溯性和保密性，将元宇宙万物连接，并有序管理。

（三）元宇宙的人机交互

元宇宙的发展为交互设计提供了更多可能。与人机交互关系最紧密的是交互技术、游戏技术和人工智能技术。人工智能技术上一节讲得比较多，这里重点介绍交互技术。元宇宙的交互技术主要包含VR虚拟现实技术、AR现实增强技术和全息影像技术。

1.VR 虚拟现实技术

沉浸感是衡量VR虚拟现实技术的核心指标，所有视觉、交互、物理系统、硬件优化都应该围绕沉浸感去设计和开发。沉浸感是一个由多维要素共同组成的概念，而脑科学的研究表明，视觉感知大约占人类总体感知的70%，因此当前VR朝着视觉呈现的方向发展，所有的软硬件设计都围绕视觉呈现展开。若要向用户提供深度的沉浸感，那么视觉设计是其中重要的一环。人类的视觉系统非常复杂，要让用户感觉到虚拟世界是"真实"的，需要通过各式各样的头显设备来帮助人们获得视觉沉浸感。但通过对比目前的头显设备我们发现，VR技术还不能完全模拟人眼的生物特征（图7.35）。

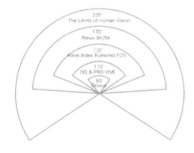

设备	Oculus Rift S	HTC Vive Pro	Oculus Quest
分辨率	双眼: 2560x1440	双眼: 2880x1600	单眼: 1600x1440
视场率	110° （实际约90+）	110°	110° （实际约90+）
刷新率	80Hz	90Hz	72Hz
像素排列方式	RGB排列LCD	三星P排列OLED	三星P排列OLED
像素密度 (PPD)	16	17 (P排列效果-20%)	17 (P排列效果-20%)

图7.35 头显设备参数对比

人的双目立体感知的视场角约为120°，其中无须转动头部的视觉敏感区域大概只有55°，一旦超过55°，用户就需要多次转动头部来代替眼球转动，以降低眼睛疲劳度。从眼球中央到四周边缘区域，人们可感知的图像分辨率是逐渐降低的。而目前的VR屏幕大多是从手机屏幕过渡而来的，主要通过分屏的方式来渲染双目画面。这种渲染方式可以勉强支持用户把视场角推到接近120°，从而使得用户可以感知大部分的虚拟场景（图7.36）。

图7.36　VR设备屏幕视角

设计师在设计VR的过程中要注意以下几点：

（1）舒适度和易用性。VR体验与用户的多种感官相关联，用户一旦感到不适，就会立刻停止使用，因此要特别注意VR的舒适度和易用性。

（2）消除晕动感。晕动感，即我们通常所说的晕车。它是因人眼见到的运动与前庭系统感到的运动不相符而产生的昏厥、食欲减退和恶心的生理反应。导致用户使用VR设备时产生晕动感的常见原因是移动幻觉（vection）。

（3）适时的视觉提示。在VR设计中，引导用户避免迷路的简单方法是加入视觉提示，如传送标记、足迹、引导用户前进方向的持续标记串等。视觉提示应该与现实生活中人们常见的提示逻辑保持一致，从而减少用户学习和理解的时间。

（4）及时的反馈机制。与在现实世界中使用智能设备一样，在虚拟世界中，及时的信息反馈同样重要。如果使用运动控制器，可以通过震动其中一个控制器并结合视觉图像或者声音提示来模拟多模态感官刺激，达到反馈提示的效果。

VR虚拟现实技术与普通的显示技术不同，除了视觉认知以外，它还包含听觉、味觉、嗅觉、触觉等几个维度，所以设计时应该从多维度进行思考，为用户提供更好的体验。

2.AR 现实增强技术

AR现实增强技术是一种实时地计算影像中各景物的位置及角度,并在该影像中加上相应图像、视频和3D模型的技术。它将现实世界与虚拟内容相结合,帮助用户更快捷、更直观地获取信息。AR技术在现实生活中很常见,如在大型游泳赛事直播中,画面里的每个泳道会显示选手的名字、国旗以及排名,这就是AR技术在电视直播中的应用。谷歌在2012年启动了Project Glass增强现实眼镜项目,Google Glass将智能手机的信息投射到用户眼前,用户可以通过该设备直接进行通信。宜家也发布了一款AR应用,帮助用户解决看到自己喜欢的家具,但又不知道家具尺寸及放在家里是否合适的问题(图7.37)。

图7.37　AR现实增强技术应用

设计师在设计AR的过程中要注意以下几点:

(1)渐进式引导。与二维平面的交互不同,AR实现了六轴变化,即X、Y、Z轴的位移及旋转。位移三轴决定物体的方位和大小,旋转三轴决定物体显示的区域。设计师需要给用户提供渐进式引导,让人们在不离开AR使用界面的情况下改变物体的属性。如在使用宜家AR放置一把沙发时,不退出就可以选择颜色、材质等。

（2）真实而有沉浸感。让真实世界的画面和AR影像尽量占据整个屏幕，避免操作按键和其他信息切割屏幕，破坏沉浸感。同时，虚拟物品应设计得有质感。如增加物品在光照下产生的阴影，移动物体时反光发生相应的改变等。

（3）声音的巧妙运用。利用声音提示强化触觉反馈，可以提升用户的沉浸感。音效或者震动反馈可以模拟虚拟物体与真实物体接触、碰撞的感觉，让用户快速代入虚拟世界。

（4）注重用户的生理舒适性。很多用户长时间使用3D产品会产生晕眩感，设计师一定要考虑到用户长时间使用产品是否会产生不适。设计师可以通过减少游戏的级数或者在其中穿插休息时间来缓解用户疲劳。

（5）交互尽量简单。触碰手势是二维的，但是AR体验是建立在三维真实世界中的，因此设计师应把握好用户与AR交互时体验感与掌控感的平衡。

（6）协助用户放置虚拟物品。虚拟物品的放置有一定的规则，AR程序应有效地引导和协助用户放置虚拟物品，给用户提供必要的帮助，并给予适时的反馈，以增强用户的体验感。

AR现实增强技术是元宇宙交互设计中的一环，可以构建一个与现实世界相关联的虚拟世界，也可以为元宇宙用户提供更好的使用体验。

3. 全息影像技术

全息影像技术也称虚拟成像技术，1947年由英国匈牙利裔物理学家丹尼斯·盖伯提出。它是利用干涉和衍射原理记录并再现真实物体的三维图像技术，用户不需要借助3D眼镜就可以看到立体的虚拟场景（图7.38）。大多数人一开始对全息影像技术的了解，仅限于一种通过光的干涉原理形成的三维图像。直到20世纪60年代末，古德曼和劳伦斯等人提出了数字全息技术的全新概念，才开创了精确全息技术的时代。而后，随着科幻电影与商业宣传的引导，全息影像技术的概念逐渐延伸到舞台表演、展览展示等商业活动中，走入了人们的日常生活。

图7.38 初期的全息影像技术

2010年，日本科技公司Crypton未来媒体为了推广旗下的虚拟美少女歌手初音未来，运用全息影像技术举办现场"真人"演唱会。初音未来的首场演出就大获成功，2500张门票被抢购一空，完美地展示了科技进步的成果。这是科技带给人们的一场前所未有的视听盛宴（图7.39）。

图7.39 初音未来虚拟演唱会

全息影像技术不用通过任何实体介质，就可以直接在空气中显示出物体的全息影像，人用肉眼从不同的方位和角度观察，都能看到物体的立体画面，甚至能在影像中穿梭自如。这种技术为实现元宇宙追求的沉浸式体验带来了更多可能，人们不需要借助任何设备就能观看虚拟物品，并且可以与虚拟物品进行交互。

全息影像技术的优点：

（1）互动性强。全息影像技术可以将静态的物品转化为动态的，将单向的展示转化为互动的展示，激发用户的积极性和创造性。

（2）沉浸感强。和VR、AR技术一样，全息影像技术创造出一种真实的场景，通过营造空间感，把人带入一个接近真实的环境，再加上音乐、灯光等辅助元素，能调动人们的多种感官来感受、体验，更具真实性。

（3）内容丰富。全息影像技术能够展示高清晰的图像，3D立体感十分强烈，不论是应用于游戏、会议或者社交场景，全息影像技术都可以呈现出真实而丰富的内容（图7.40）。

图7.40　具有空间感的全息影像技术

（4）轻便灵活。与传统的3D显示技术相比，全息影像技术无须用户佩戴专业显示器材，只用肉眼就能观看到非常逼真的展示效果，同时还支持180°、270°、360°等多视角展示，方便用户从多角度观看虚拟对象。

来自英国格拉斯哥大学的研究团队开发了一种名为Aerohaptics的触觉反馈设备，它将全息影像技术与精确控制的空气触觉技术相结合（图7.41），使用户无须穿戴任何特殊设备即可体验虚拟物品的真实触感。这种新技术不但可以让用户看见由全息影像技术生成的篮球，还能够拍打、触摸这个篮球，甚至感受到它的弹性。当用户使用不同的力度拍打这个虚拟篮球时，手掌会感受到不同的弹性，就像在拍一个真球，用户的手掌、手指、手腕都会有逼真的触感，而且这套设备比AR、VR设备更加轻便。

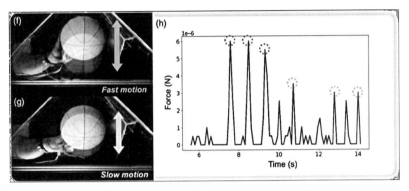

图7.41　使用空气触觉技术的虚拟篮球

随着技术的不断发展，元宇宙离我们越来越近，AR、VR等技术日趋成熟，在一定程度上解决了虚拟世界与现实世界交互的问题。同时，5G/6G、云计算、区块链、ChartGPT等技术的发展也为搭建元宇宙虚拟世界提供了支持。对于设计师而言，新的技术和新的领域出现会带来更多的机会和挑战，如何把握好机会迎接挑战，是所有设计师都应该思考的课题。

参考文献

1. 施耐德曼, 普拉. 用户界面设计——有效的人机交互策略 [M]. 郎大鹏, 刘海波, 马春芳, 等译. 6版. 北京: 电子工业出版社, 2017.

2. 李乐山. 人机界面设计（实践篇）[M]. 北京: 科学出版社, 2009.

3. 库伯, 雷曼, 克罗宁, 等. About Face 4交互设计精髓 [M]. 倪卫国, 刘松涛, 薛菲, 等译. 北京: 电子工业出版社, 2015.

4. 莫维尔, 菲尔德. Web信息架构 [M]. 陈建勋, 译. 3版. 北京: 电子工业出版社, 2008.

5. 罗森菲尔德, 莫维尔, 阿朗戈. 信息架构——超越Web设计 [M]. 樊旺斌, 师蓉, 译. 4版. 北京: 电子工业出版社, 2016.

6. 加勒特. 用户体验要素: 以用户为中心的产品设计 [M]. 范晓燕, 译. 北京: 机械工业出版社, 2011.

7. 克鲁格. Don't Make Me Think [M]. 蒋方, 译. 2版. 北京: 机械工业出版社, 2006.

8. 诺曼. 设计心理学 [M]. 何笑梅, 欧秋杏, 译. 北京: 中信出版社, 2012.

9. 埃亚尔, 胡佛. 上瘾, 让用户养成使用习惯的四大产品逻辑 [M]. 北京: 中信出版社, 2017.

10. 泰德维尔. 界面设计模式 [M]. 蒋芳, 译. 2版. 北京: 电子工业出版社, 2013.

11. 罗素, 诺文. 人工智能 一种现代的方法 [M]. 姜哲, 金奕江, 张敏, 等译. 3版. 北京: 人民邮电出版社, 2010.

12. 古德费洛, 本吉奥, 库维尔. 深度学习 [M]. 申剑, 黎或君, 符天凡, 等译. 北京:

人民邮电出版社, 2017.

13. 李开复. 人工智能 [M]. 北京: 文化发展出版社, 2017.

14. PEARL. Designing Voice User Interfaces [M]. California: O'Reilly Media, 2016.

15. 王天庆. Python人脸识别: 从入门到工程实践 [M]. 北京: 机械工业出版社, 2019.

16. 柴占祥, 聂天心, 杨贝克. 自动驾驶改变未来 [M]. 北京: 机械工业出版社, 2017.

17. 潘希利南, 卢卡斯, 莫汉. 下一代空间计算: AR与VR创新理论与实践 [M]. 柯灵杰, 译. 北京: 电子工业出版社, 2020.

18. BALL. The Metaverse: What It Is, Where to Find it, Who Will Build It, and Fortnite [EB/OL]. https://www.matthewball.vc/all/themetaverse

19. Design Mood. 7 Motives to Create Mood Boards [EB/OL]. https://uxplanet.org/design-mood-7-motives-to-create-mood-boards-b81ae36e399f

20. A UX Guide to Designing Better Mood Boards [EB/OL]. https://medium.com/user-experience-design-1/a-mood-board-strategy-for-cohesive-visual-design-5620dec3fed7

21. 湖南大学智能设计与交互体验联合创新实验室. 智能汽车人机交互设计趋势白皮书 (2018) [EB/OL]. http://design.hnu.edu.cn/info/1032/4644.htm

22. 清华大学新闻与传播学院新媒体研究中心. 元宇宙发展研究报告2.0版 [EB/OL]. https://wenku.baidu.com/view/3509e038ff4ffe4733687e21af45b307e871f9d8.html

图书在版编目（CIP）数据

用户界面设计／胡燕,黄志隆,蔡兴泉编著. -- 北京：中国传媒大学出版社，2023.9

ISBN 978-7-5657-3187-7

Ⅰ. ①用… Ⅱ. ①胡… ②黄… ③蔡… Ⅲ. ①用户界面—程序设计 Ⅳ. ①TP311.1

中国版本图书馆 CIP 数据核字（2022）第 050225 号

用户界面设计

YONGHU JIEMIAN SHEJI

编　　著	胡　燕　黄志隆　蔡兴泉
策划编辑	赵　欣
责任编辑	张　笛
封面设计	拓美设计
责任印制	阳金洲

出版发行	中国传媒大学出版社

社　　址	北京市朝阳区定福庄东街 1 号	邮　　编	100024
电　　话	86-10-65450528　65450532	传　　真	65779405
网　　址	http://cucp.cuc.edu.cn		
经　　销	全国新华书店		

印　　刷	北京中科印刷有限公司
开　　本	787mm×1092mm　1/16
印　　张	彩色 3.75 印张　黑白 9.75 印张
字　　数	210 千字
版　　次	2023 年 9 月第 1 版
印　　次	2023 年 9 月第 1 次印刷

书　　号	ISBN 978-7-5657-3187-7/TP・3187	定　　价	68.00 元

本社法律顾问：北京嘉润律师事务所　　郭建平